家电产品设计

JIADIAN CHANPIN SHEJI

许慧珍◎著

中国纺织出版社有限公司

内 容 提 要

本书从家电产品这个设计对象入手,介绍了家电产品认知、家电产品原理、家电产品技术、世界家电品牌/家电创新思维方法、家电设计分析方法、家电造型技法、家电 CMF 设计、家电人机交互设计、家电设计表达制作、家电产品设计实践案例等章节。

图书在版编目(CIP)数据

家电产品设计 / 许慧珍著. – 北京:中国纺织出版社有限公司,2022.7 (2024.7 重印)
ISBN 978-7-5180-9615-2

Ⅰ. ①家… Ⅱ. ①许… Ⅲ. ①日用电气器具-设计 Ⅳ. ①TM925.02

中国版本图书馆 CIP 数据核字(2022)第 101998 号

策划编辑:曹炳镝　　责任编辑:段子君
责任校对:高 涵　　责任印制:储志伟

中国纺织出版社有限公司出版发行
地址:北京市朝阳区百子湾东里 A407 号楼　邮政编码:100124
销售电话:010—67004422　传真:010—87155801
http://www.c-textilep.com
中国纺织出版社天猫旗舰店
官方微博 http://weibo.com/2119887771
北京虎彩文化传播有限公司印刷　各地新华书店经销
2022 年 7 月第 1 版　2024 年 7 月第 4 次印刷
开本:787×1092　1/16　印张:14
字数:269 千字　定价:98.00 元

前言

　　2022年是2020年新型冠状病毒肺炎疫情暴发后的第三年,新型冠状病毒肺炎疫情对全球经济格局带来深远影响,2020年的新型冠状病毒肺炎疫情不曾动摇我国家电产业的根基,反而提升了产业创新的意识和应对不利因素的能力,2021年一系列旨在稳定、促进汽车、家电产业等大宗消费的政策措施落地,在国家保供稳价工作和促进消费政策的多重措施下,家电行业必将稳步向前发展。

　　消费者对家电产品的需求变得丰富多样,升级品质体验、沉浸舒适体验、智能便捷体验不断加强,这对家电产品的设计也提出了更高要求,如何无缝对接消费者,满足不同人群消费需求,如何拓展家电产品边界、创新家电产品品类,需要运用家电产品的设计思维与方法。

　　工业设计师对于产品的美学、功能、造型、技术、体验、交互等方面的研究,始终坚持以人为本、谨遵用户的显性需求和隐性需求,最终为消费者改良或创造出各式各样的生活便利产品,其过程是一种更为合理的新的生活方式的设计和研究。某种程度上,可以说工业设计的使命就是创造新的、更为合理的生活方式,改善人们的生活质量。但是设计作为一种创造性活动,其本质更关乎思维的方式和弹性,设计的方法成千上万,如何应用是个问题。有经验的设计师深知设计的方法、思维与工具因设计对象而异,因设计师而异,且因时、因地、因事而异,因此设计对象的多样性与复杂性使设计学学科的知识体系构建变得非常困难。

　　本书从家电产品这个设计对象入手,以笔者多年的家电产品设计经验为基础,将家电产品的设计过程系统地概括为"起、承、转、合"四个阶段,共计10个章节,其中"起"是家电产品设计的起点,包括典型家电产品设计演变1个章节;"承"是家电情报的收集与整理,包括家电产品技术剖析、典型家电产品原理分析2个章节;"转"是家电如何进行创新入围,包括家电产品的多角度创新思维方法、家电产品设计分析方法、家电造型技法提炼3个章节;"合"是将家电概念、创意、思维落地,整合成产品设计的最终方案,包括家电产品CMF设计剖析、家电中的人机交互设计分析、家电设计表达制作要点研究、家电产品专利转化方向与示例4个章节;此外,每个章节后配套了国内外的家电品牌案例、家电产品创新创意设计案例、企业家电产品设计开发案例,供读者赏析。

希望读者通过学习本书能够紧跟时代的步伐,重视家电产业发展与未来走向,建立我国家电产品能够体现自身的特点和独创性的系统化设计,进一步优化家电产品的设计。由于笔者水平和时间有限,书中不妥之处,敬请广大读者及专家谅解。

著　者

2022 年 3 月

第1章 典型家电产品设计演变

1.1 黑白电之说

1.1.1 学习目标

(1)掌握家电产品的定义与类别

(2)区分家电产品的用途

(3)了解家电产品的行业特点

1.1.2 家电产品是什么?

听到"家电"这个词,你会想到什么? 如京东、苏宁易购、国美这些售卖家电的平台,家电下乡,以旧换新的家电政策,以及家里常用的空调、电视、洗衣机、冰箱、小家电等(如图 1-1 所示),这说明家电产品充斥着我们的生活,我们的生活也已经离不开家电了。

家电是什么呢? 家电是指在家庭及类似场所中使用的各种电器,又称民用电器、日用电器。

在我国家用电器行业有黑电和白电之分。白色家电顾名思义就是白色的家电产品,由于家庭里会有许多电器,而这些家电大都体积庞大,早期消费者在购买家电时喜欢选用看起来不突兀的白色,就算现在家电的颜色设计更加丰富,还是有很多人都称家电产品为白色家电。

图 1-1 家电类别

1.1.3 黑白电区分

黑电产品可带给人们娱乐、休闲(如图 1-2 中的音响产品);白电产品则可减轻人们的劳动强度(如洗衣机、部分厨房电器)、改善生活环境(如图 1-3 中的空调产品)。

图 1-2 音响产品

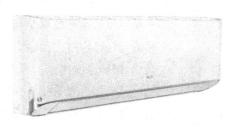

图 1-3 空调产品

从其工作原理和核心零部件来区分黑白电,黑电更多的是通过电子元器件、电路板等进行工作的,而白电更多的是通过电机将电能转换为热能、动能进行工作的。

如图 1-4 所示家用电力器具制造业即白色家电业,从产品角度来看,包括家用空调产品、洗衣机、电冰箱以及各类小家电的整机组装,也包括电机、压缩机等主要配件的生产制造。

图 1-4 黑电与白电

家用视听设备制造业即黑色家电业,包括家用影视设备制造、家用音响设备制造两个行业小类。从产品角度来看包括电视机、录放像机、数字激光音视盘机等各种家用影视设备以及家用音响设备的生产制造。

1.1.4 家电行业特点

现在的家电卖场里不仅有家电,还有手机、数码等产品,那么这三类产品之间到底有什么关联?

家电行业是一个传统而现代的行业,如电视,从最初的黑白、彩色、等离子、背投、液晶到现在的 LED、OLED,随着技术工艺的不断突破,家电产业也在不断地发展着。

手机行业是一个科技而现代的行业,随着科技的飞速发展,手机由"大哥大"变成了"苹果",改变了用户的体验。

数码行业是一个时尚而现代的行业。数码产品主要也是供人们娱乐,休闲用的。与黑电类似,数码产品随着人们消费理念的改变而改变,如柯达没落了,傻瓜相机崛起了。

以上三个行业做比较可以发现,其实它们之间的发展在相互影响着,家电现在也变得越来越时尚,数码产品变得越来越家居,手机也可以操控智能家电。

从行业结构(如图 1-5 所示)上看,全球家电行业主要呈现以下几个特点。

图 1-5 行业结构

首先,家电行业是一个高度竞争的行业,家电厂商一般追求规模经济,努力通过扩大规模降低生产成本。其次,家电行业是一个高资本投入的行业,由于投入高,白色家电行业的新进入者减少;再次,随着全球经济一体化进程的加快,家电行业的竞争逐步打破国与国之间的界限,大型家电厂商在全球范围内进行生产以及市场的战略部署,家电企业之间的竞争已由过去的国内企业之间的竞争演变为跨国集团之间的较量。最后,国际范围内家电行业的资产重组步伐日益加快。

从产销结构(如图 1-6 所示)上看,全球家电行业的特性也发生了很大变化,主要表现在:家电行业由过去的产能不足发展到过度生产;产品由量的提升发展到质的提升;企业由过去的单一品牌发展到多品牌以及副品牌;由完全自行生产发展到由其他企业代为生产;由企业间的技术合作发展到战略联盟;由原来的生产导向发展到营销导向。

图 1-6 产销结构

从行业经营环境来看,家电行业的特性(如图 1-7 所示)同样发生了巨大变化。行业经济逐步由劳动密集型发展到技术密集型和资本密集型;消费需求由原来的生存需求、拥有需求发展到量的需求和质的需求;消费形态由原来的单线型、盲从型发展到现在的组合型和客观型;消费者的心理日趋成熟,由感性消费上升到理性消费;消费者所喜爱的商品不再是越大越好,而是追求轻薄短小和个性化。

图 1-7 家电行业的特性

1.1.5 小家电行业案例

目前,随着个性化圈层崛起,新消费时代来临,使得消费者不仅追求小家电的价格和功能,而且看中其价值。大众消费者表面上追求优质健康与智能,根本上他们更向往有品质的生活,期望享受健康自然与休闲舒适的生活乐趣。小家电行业越来越彰显个性、追求价值、重视审美、注重客户的消费需求。

随着复古风潮再次来袭,各大品牌纷纷高举复古大旗,各种复古元素随处可见。在这种大氛围下,中国企业如何在复古风潮中突围,创造属于自己品牌的复古 style?小家电行业开启了复古突围战。

某南瓜品牌(如图 1-8 所示)从年轻群体出发,在小家电行业中成功找到品牌复古突围之道。某南瓜是一家面向年轻消费群体,主打高品质、高颜值和高性价比的小家电企业。

图 1-8 某南瓜复古家电新品牌

某南瓜的灵感源于年轻人最喜爱的节日——万圣节。孩子们提着各种搞怪的南瓜灯,穿着或怪异或复古的服饰,敲开了一户户灯光明亮、精心准备美食的家门——不给糖就捣乱。这种古老的习俗略带一丝荒诞的幽默,却架起了陌生人与陌生人沟通的桥梁。这也是某南瓜想要传递的价值观:坚持创新与玩味的生活理念,将家居生活空间打造为新的个性社交场所,为用户带来个性享受和趣味体验。

而南瓜是万圣节的灵魂,不仅是复古的延续,还蕴含着多变性与可塑性。由此企业把品牌名称命名为"某南瓜",并由此提出"玩味复古"的新概念,打造"玩乐、趣味、复古"的品牌文化标识,让烹饪变得更加有趣,享受产品带来的生活乐趣与品味。

1.1.6 小结

本节的内容包括家电是什么,黑电与白电之间的区别,将家电、手机、数码三个相似行业的进行了比较,以及介绍了家电行业的发展状况,小家电的行业特点并认识了现代小家电的复古潮品。

1.2 冰箱的设计演变

1.2.1 阅读提示

(1)国内外冰箱的发展
(2)冰箱的工作原理
(3)现代冰箱的案例

1.2.2 我国的冰箱

冰箱现在算是生活中必不可少的物件,大家也见怪不怪了。不过,究竟从什么时候开始有冰箱,相信很多朋友并不是很清楚,世界上最早的电冰箱制造于 1923 年,这已经是公认的事实,但最早的冰箱什么时候出现,却有不同的说法。

早在远古时期,我国就已经出现了冰箱,也就是图 1-9 中的冰鉴。冰鉴,就是我国古代盛冰的一种器具,既能保存食品,还能散发冷气,可以说已经具备了一些冰箱的功能,只是当时它主要还是作为一种祭祀的器具。

图 1-9　冰鉴

到了明清时期,一些小巧的、主要用来储存食物的冰箱慢慢地出现了。只是冰并不是一年里时时都有,特别是在炎热的夏季,可谓弥足珍贵,所以当时的冰箱并不是普通老百姓能够用得起的,而在当时的社会里,富裕的人家也绝对是少数,更不用提能用得上冰箱的人家了。用得起红木家具的,并不一定能用得起红木制作的冰箱(如图 1-10 所示),所以现在传世的一些古代冰箱,无一不具有很高的收藏价值。

图 1-10　红木冰箱

如图 1-10 所示,这个冰箱已经有点现在冰箱的雏形了。现在,传世的有不少清朝时期的这种木胎冰箱,它们多用红木、花梨、柏木等较为细腻的木料制成,箱桶和底座均有华美装饰,只有当时的大户人家才用得起。因此,可知当时夏天如果能来杯冰镇酸梅汤,是多幸福和奢侈的一件事了。

图 1-11 中这件精美的物品是清乾隆时期的皇家御用冰箱,冰箱外框由掐丝珐琅制成,为木制,中间为金漆盘龙纹。这件小型冰箱是皇帝贮藏食物之用。

这个是大清皇帝乾隆御制掐丝珐琅冰箱,通高 76 厘米,分箱底和箱座两部分,口大底小呈斗形。冰箱为木胎,盖的边缘饰以鎏金,阳刻楷书"大清乾隆御制"六字款。夏季来临,冰箱内置冰块,通过盖面的两钱纹孔来散发冷气以达到降温目的。

图 1-11　乾隆御用冰箱

关于这对掐丝珐琅冰箱,还有一段曲折的故事。这对冰箱做工精细、庄重典雅,原是宫廷之物,被溥仪盗运出宫想运往天津寓所,不过因为体重器大,就地拍卖了。后来冰箱被陆观虎先生购得,他的女儿陆仪女士在1985年将其捐献给故宫,使流失了半个多世纪的国宝终于回到了紫禁城。

随着时代的发展和科技的进步,社会转型期内的消费者针对家电产品的需求正发生着巨大的变化,从产品经济时代的使用功能层面需求到体验经济时代的精神体验层面需求,冰箱产品正面临着巨大的挑战和机遇,作为一种集中体现生活方式的家电产品,能否在满足用户物质使用维度需求的基础上满足精神维度需求开始受到更多人的重视与关注。

1.2.3 国外的冰箱

图1-12 吸收式冰箱

1923年,在遥远的北欧瑞典,世界上第一台单压吸收式冰箱诞生(如图1-12所示)。只是,谁又知道,给我们带来巨大改变的冰箱,当初不过是两个年轻学生为得到学位证书的作业而已。

来自瑞典斯德哥尔摩皇家技术学院的年轻工程师,在毕业时提交了这个举世瞩目的选题——一台简单利用吸收过程,用热量制冷的制冷机,启动这个过程的热源的能量由电、汽油或煤油来供应,电冰箱由此产生。1923年,他们成立了两家自己的公司:Arctic(北极)有限公司和Platen-Munters制冷系统有限公司。

但是,这两位发明家却是穷得叮当响的知识分子,和别的年轻发明家一样,急需资金来开发他们的产品并将其推向市场。不过,这个世界从来不缺少伯乐,有种人总能够最敏锐地捕捉到商机,比如伊莱克斯的创始人温尔格林,他成了两人的伯乐,也抓住了使自己的公司飞黄腾达的机会,也让我们提前进入了电冰箱时代。

图1-13 Smeg冰箱

1925年,伊莱克斯将自己的首款冰箱——Model D推向了市场。第一个版本Model D将冷却装置和电气配件装入一个"驼峰"中,容量为91升。

自此,电冰箱如同百花绽放般,迅速地进入人们的生活,到20世纪40年代,约85%的美国家庭都有了机械冰箱。

战后欧洲电冰箱普及,涌现出一些很好的品牌,其中一个突出的就是意大利的Smeg。意大利电冰箱Smeg是1948年成立的公司,生产早期流线型冰箱(如图1-13所示),在20世纪50年代成为经典。Smeg因为设计得时尚,迄今依然是名牌。

1.2.4 冰箱的工作原理

冰箱由外箱体、制冷系统、控制系统和附件组成。在现代厨房中,很多人都把冰箱嵌入墙内,类似于壁橱,节省空间、经济实用。那冰箱怎么工作呢?以下是它的工作原理。

(1)单门冰箱工作原理

单门冰箱工作时,制冷剂在压缩机内绝热压缩,接着进入冷凝器。在冷凝器中,高压气态制冷通过管壁向外传热，变为液态制冷剂，再通过干燥过滤器滤掉制冷剂中的水分和杂质，并通过毛细管的节流降压作用，将制冷剂送入蒸发器。制冷剂在蒸发器里沸腾气化，使蒸发器内空间形成冷冻部位，产生蒸发器下表面和箱体内上下部分空气的自然对流，使箱内温度下降，完成整个制冷循环。

（2）双门冰箱工作原理

双门冰箱工作时，由防凝露热管中流出来的液态制冷剂通过干燥过滤器后，再通过毛细管节流，先进入高温蒸发器，部分制冷剂蒸发气化后，再进入低温蒸发器。在低温蒸发器中，制冷剂充分蒸发气化后被压缩机吸入进行压缩，经冷凝器冷凝成液体，如此循环制冷。

1.2.5　冰箱技术突飞猛进

消费理念全面升级，推动技术创新多点开花。冰箱行业开始智能、保鲜技术大战，演变到今天，业界看到的是一场"百家争鸣"的技术创新大战——保鲜技术由单一空间向全空间、分类空间精准保鲜升级；产品形体由单一考量容积向极致的嵌入式需求、极致的内存储空间发展；智能化由单一的手机联网向智能调控存储空间环境、语音互动人工智能扩展；外观设计由传统沉闷走向讲求材质、线条、潮流的美学升华；健康从单一的食材干净扩展为净味、灭菌、营养管理等方面。

随着家庭整装需求的大幅增多、智能家居物联的可用性增强，套系化精品在2021年展现出强大的成长空间。卡萨帝、COLMO、海信、TCL均推出了极具美感的套系化产品，带动冰箱在外观设计上跨品类协同，在物联控制上的顺畅连接。

此外，家电的家居化转型，将成为家电行业的一场革命，我国也将在满足消费者基本需求的基础上，通过模块化生产进一步提升产品的利用率，拓展产品序列与发展空间，探索更多的发展可能。例如，橱柜嵌入式冰箱的发展与中国消费者的使用习惯和冰箱行业的要求相契合，是真正意义上的大容量且适合橱柜标准尺寸的产品。未来，伴随保鲜技术、新材料等在橱柜嵌入式冰箱上的普及和应用，橱柜嵌入式冰箱的差异化设计有望打破冰箱市场整体消费吸引力不足的现状，为行业发展带来新生机。

1.2.6　案例——无电冰箱

对于现代人来说，冰箱是一件平凡的物品，但是世界上有大约12亿人根本没有条件使用冰箱，甚至没办法保存那些用以挽救生命的药材和疫苗，只因没有电！

德国女孩Julia做出了改变。2014年12月Julia和她的伙伴们在柏林开始探索"无电冰箱"Coolar——一种使用热水制冷的新系统。热水如何能制冷呢？原理其实很简单，只需要水和硅胶，让热水蒸发汽化吸热，使周围的环境迅速冷却，同时，硅胶又可以吸收由此产生的水滴。

这样的制冷方法即便是在一些落后的地区也很实用，因为水很容易就能煮沸，如果选择更加环保的方式，那便利用太阳能加热，光照在赤道地区可是得天独厚。Julia Römer说这个新的制冷系统不仅独立、可持续发展，而且完全不会涉及有害物质，经济又环保。疫病流行的地区冰箱更是一种挽救生命的存在，Coolar可以帮助他们实现无电制冷，完好地保存当地必须的疫苗和药品,拯救受到威胁的生命。

这个方案已得到了广泛支持,更被全球疫苗免疫联盟(GAVI)承认。该联盟最近承诺将提供 6.5 亿美元在 53 个国家推广该项制冷技术(如图 1-14 所示)。

图 1-14　无电冰箱应用

1.2.7　小结

本节内容包括冰箱的发展演变。我国冰箱发展从远古时期最早的冰箱到明清时期的皇帝的御用冰箱,国外冰箱的发展主要介绍了冰箱的创始人发展冰箱的过程,这个过程也是现代冰箱发展的过程。我国一直到 1956 年才有了自己第一台国产冰箱——"雪花"冰箱,这家国内著名的老厂家曾拥有年产 80 万台电冰箱的生产能力,成为中国最早的名牌产品之一,赢得国内外众多消费者的青睐,也成为国人的骄傲。最后介绍了一个无电冰箱的案例,这是一种可持续环保的冰箱。

1.3　电视的演变

1.3.1　学习目标

(1)了解电视的发展演变
(2)赏析现代电视的案例

1.3.2　电视的发展历史

电视机从黑白到彩色,从电子管、晶体管电视迅速发展到集成电路电视,到如今的智能化。如今的电视已经走进千家万户,但是电视机的发展历程是怎么样的呢?

1925 年,电视机雏形出现了。谈论到电视机的雏形,有一个英国人是不得不提的,约翰·洛奇·贝尔德(如图 1-15 所示),这位电视机之父曾经为了得到清晰的图像,加大电流电压到 2000 伏,自己却不小心碰到了连接线,差点触电身亡。1925 年,贝尔德在英国展示了一种非常实用的电视装置。这台电视机基本上是用废料制成的。光学器材是一些自行车灯的透镜。框架是用搪瓷盆做成的,而电线则是临时

图 1-15　电视机之父

拼凑的乱糟糟的蜘蛛网般的东西。最大的奇迹是这些质量很差的材料，一经他的安排，就能产生图像，而这也成了现代电视机的雏形。

1939年，美国诞生了第一台黑白电视机。4月30日，这台电视机直播了美国总统富兰克林·罗斯福在纽约市弗拉辛广场发表纽约世博会开幕式演讲。在纽约世博会上，除了现场展现的高速公路、摩天大楼等，电视成为最受欢迎的主角。

1950年，"懒骨头"遥控器面世。"懒骨头"遥控器通过一根线缆与电视相连。五年之后，增你智（Zenith）无线遥控器Flash-Matic面世。

1954年，第一台彩色电视机（如图1-16所示）出现。20世纪50年代是电视机开始普及的年代，1953年，美国RCA公司设定了全美彩电标准，并于1954年推出第一台彩色电视，到1964年，有31%的美国家庭拥有了彩色电视机。

图1-16 第一台彩色电视机

1967年，第一台特丽珑电视（如图1-17所示）出现。20世纪50年代，日本索尼公司的黑白电视机虽然大卖，但其技术竞争力却毫无优势。这一切在1967年发生了转变，索尼工程师团队的一位年轻成员聪明地解决了彩色电视机一直存在的难题：图像扭曲和光发散。索尼称此项新产品为"特丽珑"（意为栅条彩色显像管）。1968年，索尼卖出了第一台"特丽珑"电视机。1968—1988年，索尼卖出18亿台特丽珑，特丽珑也获得了"有史以来最热卖机型"的美誉。

图1-17 特丽珑电视

20世纪70年代依然是电视机飞速发展的年代。1973年，首先是数字技术率先用于电视广播，实验证明数字电视可用于卫星通信。1976年，英国完成"电视文库"系统的研究，用户可以直接用电视机搜索新闻、书报或杂志。

1977年，第一台携带式电视（如图1-18所示）出现。在电视显示技术已经非常成熟的今天，未来的电视产品还会有什么新的变化呢？

2011年7月18日，世界首台脑力波电视在"上海卡萨帝新闻发布会"上震撼亮相。海尔这款划时代电视机的遥控操作是通过一个脑波耳机完成的。

图1-18 便携式电视

2000年，健康电视概念推出。创维公司于2000年在国内首家推出健康1250电视，这款电视克服了模拟电视场闪、线闪、线粗的缺点，并兼容HDTV。同时创维还紧跟国外潮流率先推出了逐行电视（如图1-19所示），其"不闪的，才是健康的"品牌口号令消费者耳熟能详，创维"健康电视"的理念深入人心。

2008年，我国第一台采用国产等离子屏电视机（如图1-20所示）。自2007年长虹正式启动等离子屏项目以来，长虹与彩虹、美国MP公司一道，首期投入6.75亿美元进军等离子屏项目；2008年7月投产，年产等离子屏达到216万片（以42″计）。

图 1-19　创维电视

图 1-20　等离子电视

2011 年,云电视兴起。云概念产品成为 2011 年智能家电市场的一大热点。2011 年 8 月,创维推出了全球首款云电视。这款产品创先搭载了云平台和智能 Android 操作系统,在电视上实现云空间、云服务、云社区、云浏览、云搜索、云应用等多种云端个性化应用,并能随时同手机、平板电脑等移动设备互联互动,云端服务器为后台进行数据处理和资源整合,让用户可以随时随地分享各种视频、照片、资料。

2011 年,脑电波电视(如图 1-21 所示)出现。这个特别的脑波耳机可以检测到用户的脑电波信号,并识别出用户所处的状态,将其转化成电视可以识别的数字信号,在将来的某一天,我们不再需要电视遥控器,而是可以随意以自己的意志来控制电视开关机、切换频道。

图 1-21　脑电波电视

2012 年,4K 电视出现。在 2013 年最后一天,创维发布了国内首台 4K 家庭互联网电视机,早前,其试水微信操控的电视亦推向市场。

据奥维咨询最新统计,2013 年彩电销量达到 4785 万台,同比上升 12.7％,较上年大幅提升,互联网因素是"救市"的关键。

2014 年,世界首款 105 寸曲面 UHD 电视出现(如图 1-22 所示)。世界首款 105 寸曲面 UHD 电视由三星电子推出,首次亮相于 2014 年 1 月 7 日拉斯维加斯举办的 2014CES 上,同时三星电子率先推出全球市场化的曲面 UHD 电视品线,发布了 2014 最新曲面电视和 UHD 电视阵容。

图 1-22　曲面电视

智能电视发展。据中国市场调查网调查数据显示:预计 2016 年,国内智能电视的渗透率将超过 90％,电视互联网化的改变基本完成。随着互联网速度的不断提升和电视端应用的不断开发,基于电视的应用和服务也越来越丰富和多元,除了视频媒体的基本功能,还增加了以互联网为平台的游戏娱乐、健康医疗、文化教育等功能,操作方式也由之前的复杂按键旋钮向仅有几个按键的遥控器以及语音、体感多元交互的方向转化。

随着智能电视功能的丰富和多样化,用户与电视的交互方式也在发生变化。从使用环境考虑,电视不同于电脑和手机,用户一般坐在距离电视 2.5～4 米处,屏幕尺寸大,但操作距离较远,导致单屏承载的信息很少。用户通常在灯光比较昏暗的客厅,以非常放松的状态仰卧在沙发中观看电视。我们一贯认为"智能"这个词是和年轻人绑在一起的,所以很多智能电视的界面设计和交互方式也是以年轻人为标准,导致老年人和儿童根本无法操作,老年人接受新鲜事物的能力很弱,所以获取信息的途径还是比较简单,而电视就是其中重要的途径。

未来智能电视的交互设计将会是市场的必然发展趋向,一款好产品、好系统的交互设计,是将用户放在首位,以用户体验为核心,只有深度系统地了解用户需求,才能进一步指导用户交互体验和设计风格方向。

1.3.3 现代电视的案例

三星的最新发明是 Sero TV(如图 1-23 所示),正如在 2020 年消费电子展上看到的那样,该公司称这是"为移动一代设计的电视"。也就是说,它会自动从标准宽屏电视切换到竖屏模式(如图 1-24 所示),就像你的手机一样。除了屏幕的对角线尺寸由 61 英寸改为 43 英寸。与三星面向数字艺术的电视《The Frame》一样,Sero 也可以设置为以数码相框形式显示图像,同时提供时钟模式和语音激活的 Bixby 家庭集线器集成。肖像模式是这

图 1-23 三星的 Sero TV

款电视的默认设置,但 Sero 集成的电动座架可以让屏幕来回旋转,通过遥控器上的一个按钮或三星的智能物品应用程序来控制。

Mondrian 电视机(如图 1-25 所示)是设计师 Harry Dohyun Kim、Weichih Chen 和 Fu-hua Wang 带来的 OLED 电视与模块化家具的概念设计,据称是受到受荷兰画家 Piet Mondrian 启发。

图 1-24 三星 Sero TV 竖屏模式

图 1-25 Mondrian 电视

设计师表示,电视越来越纤薄,而家具设计趋势是温暖舒适,将两者放在一起会造成视觉不匹配。Mondrian 通过一种无缝结构实现了新形态,用户可以自定义组合,选择所需的电视尺寸、堆叠设计并拧紧支脚和节点,添加架子,最后为屏幕添加旋转支架。

1.3.4 小结

本节内容按时间顺序介绍了电视机的发展历史。从中看出每一次电视的重大变化,离不开科学技术的发展推动,关于图像、操控、屏幕等的新技术发明,将推动电视机的迅速发展,两个现代电视的设计案例就是科技进步的一个验证。

1.4　电吹风的设计演变

1.4.1　学习目标

(1)了解电吹风的发展演变

(2)赏析电吹风的设计案例

1.4.2　电吹风的发展历史

在吹风机发明之前,人们通常会将软管连接到吸尘器的排气端,把头发吹干,这是最原始的方法。法国人亚历山大(Alexandre F. Godefroy)在 1890 年受启发于吸尘器发明了第一个吹风机,这是吹风机的原型。如图 1-26 所示,一个客户坐在引擎盖下,带罩的燃气就会吐出热气,提供所需。因为体型很大,不方便移动,所以只用于理发店中。

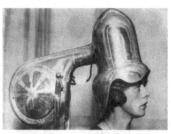

图 1-26　早期电吹风

1911 年,早期的便携机很重,那就是个大麻烦。所以在 20 世纪 70 年代以前,沙龙吹风机一直是最好的选择,当手持机在美学、动力和安全上有了先进性,也就成为一种可行的选择。1930 年一个女人在伦敦的美容美发展览会上尝试新的头发烘干机(如图 1-27 所示),可以看出这款新式的烘干机的创新之处就在于有多个加热管,开始了烫发的里程碑。

图 1-27　早期烫发机

好莱坞著名女星 Joan Crawford 曾说过:"我认为一个女人最重要的事情除了美貌,当然就是她的发型师。"可见那时已对发型十分重视了。如图 1-29 所示是在伦敦号称是最高座吹风机。天性浪漫的法国人,当然不甘落后,在吹风机的外形设计上就打败了其他国家,鸟笼设计很前卫(如图 1-28 所示)。如图 1-29 所示,伦敦某家理发店,大家都带着网罩到理发店做头发,简直像个炉灶,接出几个排气管给客人加热头发。

图 1-28　法国鸟笼烫发

图 1-29　伦敦最高座吹风机

1933 年,索利斯开始生产电吹风,经过几代人的精耕细作,索利斯成为全球专业电吹风市场的顶尖品牌(如图 1-30 所示)。吹风机逐渐衍生出了烫发机,20 世纪 40 年代的烫发机是现代烫发机的原型。20 世纪 60 年代,电吹风开始风行,这是得益于其马达和塑料部分的改进。还有一个比较重要的变化是 1954 年 CEG 改变了其原有的设计,将马达安入了其外壳之内。

1.4.3 现代电吹风设计案例

电吹风作为一种结构比较简单的小家电,不像其他家电
那样引人注目。事实上,电吹风的工作原理和内部结构自从
发明以来就没有什么大的变化,为了推陈出新,厂家和设计
师们只能从它的外观上着手。于是这一类产品就呈现出让
人眼花缭乱的百变姿态。相信只要有设计师在,这样的新鲜
感就会一直持续下去,千变万化。

第一个是戴森的吹风机(如图 1-31 所示)。戴森吹风机
小巧而强劲的戴森 V9 数码马达转速高达每分钟 110000 转,
和 Air Amplifier™ 气流倍增技术相结合,产生可控的高压高
速气流,快速干发,精准造型。

图 1-30 索利斯吹风机

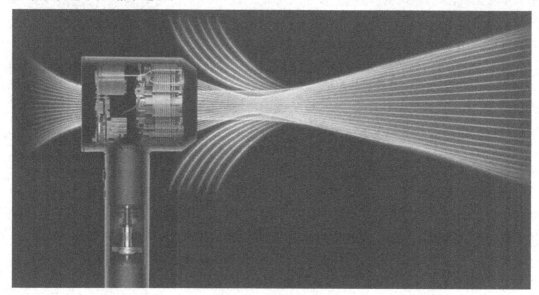

图 1-31 戴森吹风机

从戴森独特的外观设计就颇具话题点,风筒部分为环状,机身小巧紧凑,颜色时尚靓丽,
这就是戴森一直表示的"要重新定义吹风机"。

在技术方面,戴森投入 5000 万英镑开发该产品所采用的快速而集中的气流技术,甚至
成立了专门研发头发科学的高精尖实验室。在发布会现场,戴森展示了部分研发设备,自动
化程度极高的研发设备吸引了现场观众的高度关注,与常规吹风机电机位于机器头部不同,
戴森创新性将电机置于手柄之中。重量仅为 49 克的戴森吹风机实现了小型化、便携化的
可能。

第二个是一个精油吹风机(如图 1-32 所示)。这款吹风机的创新点是在吹干头发的同
时,用植物精油防止皮肤过敏及增加香味。

再来看看它的结构原理图,在此款吹风机里设置了专门的精油放置空间,在热风的驱动
下精油的香味随着风一起吹出。

图 1-32　精油吹风机

第三个是无柄吹风机(如图 1-33 所示)。可能有人会问，没有柄会不会使用不方便？这款吹风机的创新点是运用手指的捏的动作使用，吹风机更加小巧、可爱。

第四个是片状电吹风(如图 1-34 所示)。一般电吹风主要是由发热元件、气泵、进气通道、出风通道这四个关键部分构成。为提高空气加热效率，加大出风量，往往需要进气通道和出风通道保持一定横截面积。但这款电吹风的设计者却别出心裁，将进气口和出风口都设计成窄窄的一道缝隙，整个电吹风就像是弯折的纸片。发热元件和气泵集成在纸片弯折处的球形空间内。虽然这样的设计在制造时或许有些难度，在使用时功率也受到限制，但这样的造型，的确让人耳目一新。

图 1-33　无柄吹风机

第五个是壁挂式电吹风。如今电吹风的需求量越来越大，特别受上班一族女性朋友的欢迎。漂亮的发型除了需要电吹风的帮助来实现外，还需要一双灵巧的手。手持式电吹风使用时间长，增加身体的疲劳度，在整理头发造型时带来了诸多不便。壁挂式设计是本项目设计的一个亮点，壁挂式电吹风在使用上给人提供了很大的方便性。壁挂式电吹风不仅在头发造型方面省时省力，还解决了人们在使用手持式电吹风时手部疲劳的问题，满足了人们在家里可以给自己头发造型这种精神上的需求。

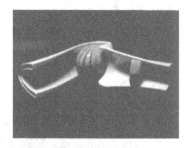

图 1-34　片状出风机

电吹风之所以迅速发展，一方面是人们的基本需求，另一方面还是人们对美的追求，电吹风的发展过程中无论是头盔式的加热装置还是热气球的吹风装置，以及后来的手持式电吹风，都验证了一个真理，科学发展是不容易的，也是循序渐进的。

 案例

德国家电品牌设计赏析

德国的家电品牌众多，比如 Bosch、Braun、Ritter 等，这些品牌的设计理念与经典产品案例值得学习与鉴赏。

（1）bosch（博世）

博世是德国的工业企业之一，于 1886 年创立，从事汽车与智能交通技术、工业技术、消费品和能源及建筑技术的企业。

早在 1895 年，博世公司开始在斯图加特电气厂指导下生产家用电器（如图 1-35 所示）。之后更多的博世家电产品多点开花，渐渐在燃气灶（如图 1-36 所示）、洗碗机、洗衣机以及电动厨房等领域都享有盛名。

图 1-35　博世整体厨房　　　　　　　图 1-36　博世燃气灶

一百多年的家电制造历史，一贯高质量的产品，凸显关爱的服务承诺，使博世一直雄踞欧洲家电市场领导地位。历经数代，博世家电一直努力让生活变得更轻松。

设计之美源于生活，博世家电兼顾自然之美与生活之美，将自然触感与色彩之美借助精湛的工艺与材质，横跨时间和空间带到你家里（如图 1-37 所示）。

图 1-37　博世材质冰箱

博世家电重视家居的百搭之美，百搭之美本色演绎风范，让家居之美从此不同。

随着互联技术的发展，博世把移动技术应用于家电（如图 1-38 所示）。博世家居互联让用户离开家时也能控制家电。无须再担心出门时烤箱电源没关，也不必再努力回想冰箱里是否还有牛奶。在手机或平板上使用家居互联应用程序即可迅速查看。

图 1-38　博世互联网家电

博世·维他保鲜对开门冰箱（如图 1-39 所示）大师版获得 IF 奖，表面星云灰材质精选来自意大利的烧制陶瓷薄板，特有的纹路肌理使线条走向都具格调美韵，精湛的科技工艺，粗犷与细腻的神奇组合，回归自然的品牌理念。

博世·8系双效净吸油烟机(如图1-40所示)也获得IF奖,将黑色玻璃依附于冷峻不锈钢表面,深邃不失明快。简洁面板采用整面设计,简洁大气易清洁,更搭载空气净化系统,还原厨房清新空气

图1-39　博世·维他保鲜对开门冰箱　　　　图1-40　博世吸油烟机

(2)Braun(博朗)

博朗一个来自德国的高品质电器品牌。提到博朗就让人联想到其独特设计,其设计理念是以 Dieter Rams 及他的继任者们引领的先锋工业设计为基础;而更多人会立刻想到博朗家电产品(如图1-41所示)坚不可摧的本质,特别以其持久性、耐用性和持续性而闻名于世。

图1-41　博朗小家电

以下是博朗的三个代表性家电产品。

第一个是面包多士炉。此款产品为长久使用而设计,延续了德国技术和博朗设计哲学"纯粹的力量",可长时间内保证可靠性能。日复一日,一顿又一顿早餐。生活变得更有趣。这款产品在人机性方面设计了小细节,如图1-42所示,可以看到通过抬高的面包升降器安全拿取面包,非常适合小型面包。如图1-43所示,位于顶部的方便控制界面的设计,通过位置方便的控制面板,便于操作,让您尽享美食。

图1-42　多士炉　　　　　　　　图1-43　多士炉操作界面

第二个是 Tex Style 7 蒸汽熨斗。它是博朗性能最佳的熨斗(如图1-44所示)。

这款熨斗精确前部设计的三角形蒸汽区域可轻松抹平难以到达区域的小褶皱。在垂直位置使用时也十分适合,可抹平窗帘和挂起的衣物上的折痕。针对脆弱衣物设计了丝毛织物保护底板,借助其专门设计的 Soft Touch 缓冲垫(如图1-45所示)提供对精致纺织品的更大程度保护。此缓冲垫可轻松安装在底板上——非常适合抹平脆弱的织物上的皱褶。这款蒸汽熨斗同时解决了如何熨烫带蕾丝花边的衣物问题。

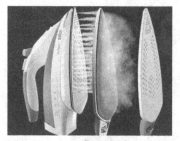

图 1-44　蒸汽熨斗　　　　图 1-45　蒸汽熨斗缓冲垫(红色)

第三个产品是一款足够大,可放入整个苹果的榨汁机(如图 1-46 所示)。这款榨汁机极为方便:无须花费时间预先切碎任何原料,直接将大块或整个水果扔进机器即可得到美味饮品。此外,创新式防滴漏系统,只需按一次防滴漏按钮,可使您的厨房保持清洁——无滴落、无脏乱且无溢出。这款榨汁机旨在快速而高效地制作健康果汁,还通过清晰的线条和简约的外形满足最苛刻的品味。适合每个厨房的室内设计。这也是目前家电产品的一大设计趋势——家电家居化。

图 1-46　博朗榨汁机

（3）Ritter

Ritterwerk 公司由 Franz Ritter 先生于 1905 年创立,是德国巴伐利亚州拥有悠久传统和百年辉煌历史的知名企业,致力于研发和制造使家常烹饪工作变得更加舒适便利的台面式和整体安装式厨房设备。

为了达到世界更高质量,Ritter 坚持只在德国工厂开发制造所有产品(如图 1-47 所示)。对 Ritter 而言,德国设计及德国制造不只代表着开发及生产地点,更代表着坚固耐用的质量、前卫的外观设计及多功能性的产品开发实力。

图 1-47　Ritter 家电产品

下面介绍 Ritter 的两个产品:

第一个产品是电热水壶(如图 1-48 所示)。这款设计体现简约、纯粹、清新不过时的包豪斯风格。四档温度设置,LED 照明,有机玻璃制成的隔热外壳,过热保护和干烧保护,实现自动断开功能。

图 1-48   Ritter 热水壶

第二个产品是咖啡壶（如图 1-49 所示）。cafena5 市场参考价：￥2500 左右。节能与优雅的 Ritter 咖啡壶，可制作 8 杯 125 毫升过滤咖啡。防碎不锈钢真空缸，非常适合作为服务壶。此款过滤容器可转动，具有防滴漏功能和过满保护，清洗容易。在不使用时，咖啡机处于 0 瓦待机模式，更节能，更环保。

图 1-49   Ritter 咖啡壶

第三个产品是烤面包机（如图 1-50 所示）。与前面两个产品类似，统一运用黑白色彩搭配，产品线条硬而直，营造高质感的杰出外观设计，配有整体型面包烤架和面包屑托盘。还有隔热外壳！当烘烤物被卡住时具有自动断开功能，以及用以中断烘烤的单独的停止按钮和烘烤夹钳，确保烘烤过程的安全。

图 1-50   Ritter 烤面包机

德国的家电产品传达出了品质、耐用的传统,而且每个品牌都在与时俱进,新产品体现出智能互联、科技创新、家居百搭、系统化服务的同时又延续传统,经久不衰。

 家电认知训练

1.课后请每位同学制作一份家电类别的思维导图。

2.收集现代冰箱、电视、吹风机等的设计案例,并进行分享。

第2章 家电产品技术剖析

2.1 家电产品拆机与展示

2.1.1 阅读提示

(1)了解产品拆机的意义
(2)掌握家电拆机的步骤与注意事项

2.1.2 拆机的意义

通过把整个产品完整地拆出来可以提高动手能力,了解产品功能、运作原理;可以直观看到产品的部件,以产品部件的结合与组装方法、用料等知识为基础可以为设计提供参考(如图2-1所示)。

图2-1 拆解图片

拆解并不是暴力地将产品部件拉开或者砸开,拆解过程反过来就是安装过程,因此要按照要求进行仔细拆解。

工欲善其事,必先利其器,请各位同学准备好拆装工具(如图2-2所示),包括度量工具游标卡尺、角度尺等,记录工具铅笔、水笔,拆装工具螺丝刀、镊子、剪刀等。

拆机前需要注意以下事项:第一,无损条件下进行产品拆解;第二,记录好拆卸前的布置及零件位置和拆解过程;第三,一般产品拆卸时切勿强力拆卸;第四,拆卸前最好弄清楚产品的工作原理,预先分析好产品的结构、材料特性;第五,产品零部件组装回去后,还能恢复正常使用。

图2-2 拆机工具

2.1.3 拆机开始

拆机的步骤主要分为看、拆、装三步。

一看产品的造型。如图2-3所示小米的驱蚊器,它的造型是传统与现代合二为一,设计灵感来源于中国传统礼器——鼎,通过简化和重塑,将传统美学与现代美学合二为一,使其能更好地融入现代家居生活当中。

二看产品的功能、部件与按键。通过不同角度观察产品(如图2-4所示),我们可以看到这款驱蚊器的产品部件,包括顶盖、电源按键开关、指示灯、底座与电池盖还有驱蚊片等。

图2-3 小米驱蚊器

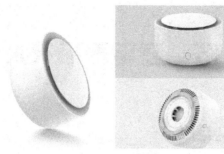

图 2-4　不同角度观察

三看产品外形上的分模线。仔细看图 2-5,可以看到一条不显眼的线,这就是分模线。大家思考一下,产品出模的方式由什么决定?

分模线

图 2-5　产品分模线

答案是产品出模的方式就是由产品的外观造型决定的。仔细看图 2-6 中矿泉水瓶的模具,再看下矿泉水瓶侧边的线,就可以发现分模线其实是上下两个模具合闭时进行吹塑,打开模具,出模时两个部件连接处就形成了一条线。

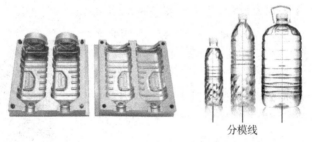

分模线

图 2-6　矿泉水瓶模具与分模线

四看产品的模具。可以清晰地看到图 2-7 中模具的上下两部件之间也有一条线,它也是分模线。

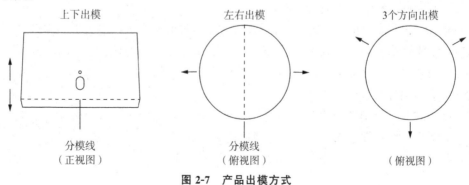

上下出模　　　　　　　　　左右出模　　　　　　　　3个方向出模

分模线　　　　　　　　　分模线　　　　　　　　（俯视图）
（正视图）　　　　　　　　（俯视图）

图 2-7　产品出模方式

一般来说,产品出模具有三种方式:第一种是上下出模;第二种是左右出模,但是左右出模容易使表面拉花;第三种是 3 个方向出模,这种可以保障表面质量,但是价格却比较昂贵(如图 2-7 所示)。大家在拆解产品的过程中,可以找一找产品的各部件是如何出模的。

五看产品使用的材料。一般来说,产品使用的材料主要有 ABS、PC、硅胶等。ABS 主要使用注塑工艺,原始状态是颗粒状态,常适用于做产品的外壳。PC 也使用注塑工艺,原始状态也是颗粒状,不同点在于它可以用作透明或半透明的壳体,还有一些透光字效。硅胶使用的是热压工艺,原始状态是块状,主要用作密封圈、防滑套等。

六看产品的连接方式。产品的连接方式主要有胶粘、打螺丝、卡扣、超声波焊等。大家在拆机过程中请特别注意找一找。

七看产品的标识(如图 2-8 所示)。通过研究产品标识,找到产品的使用方式、开盖方式等信息。

虚实点标识 ——
锁头闭合标识 ——

图 2-8　产品标识

2.1.4　拆机展示

首先把产品的盖子拆掉,观察盖子,把盖子反过来,大家可以看到不少卡扣。

卡扣是产品部件连接的主要方式,这种连接可以让产品表面光滑看不到螺钉,如图 2-9 所示是产品连接卡扣,可以看到卡扣的移动方向。

图 2-9 中除了卡扣还有热熔柱,热熔柱原理是通过加热使塑胶柱子软化,并施加一定的力,使其变形为想要的形状(比如磨菇头),冷却后保持形状不变,起到一定的固定作用。

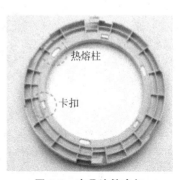

热熔柱

卡扣

图 2-9　产品连接卡扣

图 2-10 中可以看到螺钉连接,拆解时使用配套的螺丝刀旋出即可。

螺钉是一种常见的紧固件,在机械、电器及建筑物上广泛使用。一般材质为金属或塑胶,呈圆柱形,表面刻有凹凸的沟称为螺纹。自攻螺钉有圆头、十字头、T 形头、圆柱头等。

继续拆可以看到电池连接片,电池弹片属于五金冲压,电子五金材料类目,是电池上的一个重要组成部分,采用铜、铁、不锈钢等材料制成。

产品电池连接片如图 2-11 所示,主要有三种形式。

图 2-10　产品螺钉连接

下面请大家仔细看下图 2-12 中的细节结构设计——电线槽,这样的设计方便线路的整理。

图 2-11　产品电池连接片　　　　　　图 2-12　电线槽

大家再仔细看下内部部件上会有一些凹点,这些凹点就是注塑孔,注塑孔是如何形成的,看一下注塑的过程就清楚了,它其实就是模具的注料口。仔细观察还可以看清楚按键的结构与实现方式,其中一种就是悬臂式按键,这里清楚地看到这款按键背后的结构设计,产品内部还有用 PC 材料做的导光柱,这个导光柱的材料就是上面提到的 PC。

拆到最里面就可以看到电路片了,主要由 IC 芯片、指示灯、电源接触点等组成(如图 2-13 所示)。

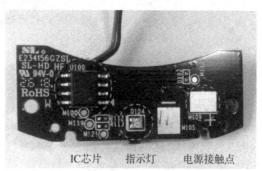

IC芯片　　　指示灯　　　电源接触点

图 2-13　产品电路片

再拆到底部就可以看到硅胶底座,仔细了解硅胶的连接方式,只要把硅胶撕开看就可以发现使用的是胶粘方式,为了更好地连接,专门设置了胶粘槽,防止胶溢出来。

全部拆完,我们就可以为拆件拍个合影了(如图 2-14 所示)。

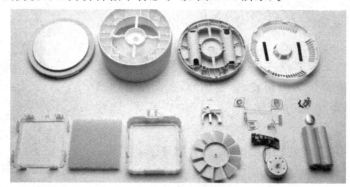

图 2-14　拆机合影

拆完之后,请各位要组装回去,这里要注意安装顺序,即将拆的顺序反过来。

2.1.5 电热水壶拆机

（1）一看

一看产品整体（如图 2-15 所示）。

图 2-15 水壶

二看产品零部件（如图 2-16 所示）。

图 2-16 产品部件图

（2）拆

拆解烧水壶的茶叶过滤装置，将里面的每个部件拆出（如图 2-17 所示）。

图 2-17 产品拆件过程

这时会发现一个弹簧装置，这个弹簧可以在一定空间内根据实际情况进行位置变动，起到缓冲作用（如图 2-18 所示）。

图 2-18 产品部件——弹簧

继续拆解，看到产品的连接结构——卡扣连接（如图 2-19 所示）。卡扣结构起到固定作用，在安装时更加流畅，而且可以起到一定的缓冲作用。

图 2-19　产品部件——卡扣

茶壶底座拆机，将底座拆开（如图 2-20 所示），会发现产品的连接电线，这是烧水的电路所在，继续拆解就可以看到茶壶的温度保护器（如图 2-21 所示）和加热盘（如图 2-22 所示）。

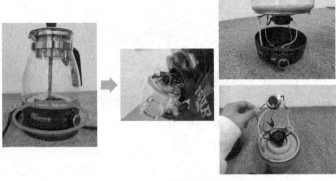

图 2-20　产品底座拆机

图 2-21　产品部件——温度保护器

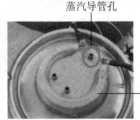

图 2-22　产品部件——加热盘

如图 2-23 拆解出了热水壶的把手，把手有 2 个部件组成，在拆解茶壶上部的时候发现了一块橡胶片，这里的橡胶片可以增加摩擦，起到固定作用（如图 2-24 所示）。

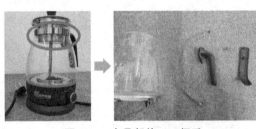

图 2-23　产品部件——把手

图 2-24　产品部件——橡胶片

下面进行茶壶的连接底座拆机，将底座拆出茶壶的连接头与外壳件（如图 2-25 所示）。

最后是产品部件的全家福如图 2-26 所示。

图 2-25　产品部件——底座

图 2-26　产品部件全家福

产品拆机的意义与步骤：通过拆装实操可以让同学们直观地了解产品原理、结构、尺寸、比例、材料等知识，每一步的拆装知识都为我们的设计提供参考。

2.2　家电产品加热技术分析

2.2.1　阅读提示

(1)掌握具有发热功能的元件
(2)理解发热技术的运用
(3)赏析发热技术案例

2.2.2　一根电炉丝的故事

图 2-27　电炉丝

首先来讲一个电炉丝的故事，图 2-27 里的一条条弯曲的丝就是电炉丝。电炉丝是最早出现的一种电热元件，它是以电热为基本工作原理来实现能量转化的。电炉丝虽然为传统电热元件，但至今尚未被替代，现在电炉丝依然在各个领域，特别是工业生产及实验室被广泛使用。

将电炉丝放进电热炉的凹槽里，再在上面放个锅，这个电热炉就可以烧水、煮饭，这就是传统的煮饭工具（如图 2-28 所示）。

图 2-28　电炉丝应用演变 1

后来有人把电炉与锅整合在一起，这就是电饭煲的雏形，它解决了传统电炉煮饭、煮水的时候会溢出的问题，实现了一键煮饭，让生活更便利。

后来又有人在电饭煲里加入了智能功能，变成了能预约、语音提醒的智能电饭煲。

如图 2-29 所示，这三个产品电炉、电饭煲、智能电饭煲，主要的核心元件器都是电炉丝，主要的功能都是把饭加热，但是这三个产品的价值却有几十元、几百元、几千元的差别，这三个产品价值之间的差异，其实是设计的价值，通过设计将新技术融入，通过设计整合设计更人性化的产品。

图 2-29　电炉丝应用演变 2

了解了电炉丝在煮饭的器具中的运用，我们再来看下电炉丝在电吹风里的应用（如图 2-30 所示）。吹风机也是运用电热丝的典型案例，吹风机是由一组电热丝和一个小风扇组合而成的。通电时，电热丝会产生热量，风扇吹出的风经过电热丝，就变成热风。如果只是小风扇转动，而电热丝不热，那么吹出来的就只是冷风了。

如图 2-31 所示，吹风机的电热元件是用电热丝绕制而成，装在吹风机的出风口处，电动机排出的风在出风口被电热丝加热，变成热风送出。还有的吹风机在电热元件附近会装上恒温器，温度超过预定温度的时候切断电路，起保护作用。

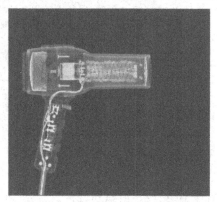

图 2-30　电炉丝应用——电吹风

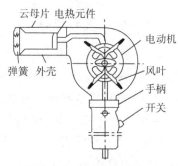

图 2-31　电吹风的结构图

从以上两个案例可以看出一根电炉丝的神奇运用，电炉丝就是我们要介绍的其中一种常用的电热元件，电热元件是实现电能向热能转化的一类元件，各种电热设备都要使用电热元件来发热。

电热元件的产品类别繁多，常规的电热元件品种包括：电热合金、电热材料、电热线、电热板、电热带、电热缆、电热盘、电热偶、电加热圈、电热棒、电伴热带、电加热芯、云母发热片、陶瓷发热片、钨钼制品、硅碳棒、钼粉、钨条、电热丝、网带等，如图 2-32 所示为 PTC 电热元件。

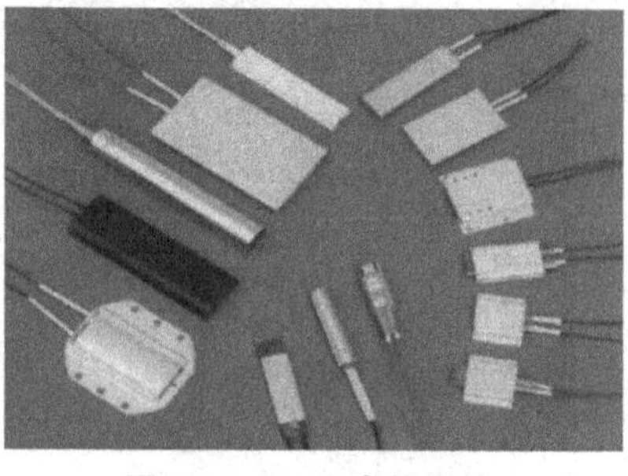

图 2-32　PTC 电热元件

2.2.3　PTC 电热元件

PTC 是将导电材料经过复合烧结而成的一种电热元件。PTC 加热元件是运用热敏电阻恒温发热特性设计的。

在中小功率加热场合,PTC 加热元件具有恒温发热、自然寿命长、热转换率高、受电源电压影响极小的优势,在电热器具中的应用越来越受到研发工程师的青睐。

恒温加热 PTC 热敏电阻可制作成多种外形结构和不同规格,常见的有圆片形、方形、条形、圆环,PTC 发热元件和金属构件进行组合可以形成各种形式的大功率 PTC 加热元件。

普通实用型陶瓷 PTC 加热元件有:蚊药驱蚊器、暖手器、干燥器、电热板、电熨斗、电烙铁、电热粘合器、卷发烫发器。功率不大,热效率高。

热风 PTC 加热元件有:小型温风取暖器(如图 2-33 所示)、暖房机、烘干机、干衣柜、干衣机、工业烘干设备等。输出热风功率大、速热、安全、能自动调节功耗。

图 2-33　电炉丝应用演变

2.2.4　电热膜

电热膜是近年来新兴的一种电热元件,它是吸取了 PTC 和导电涂料两种电热元件的特点制造而成的。电热膜目前主要应用在室内取暖和环境温度保持等方面,如建筑物取暖、育雏室保温等。

电热膜的优点是无明火加热、面状加热、热阻少、导热快、使用寿命长,且易于切割和分离,特别是电热膜的电能转换效率高达 90%、热能损失小。电热膜的缺点是升温速度慢、加热温度尚不能达到较高数值,停电后热量消散速度快。

2.3　家电产品声光技术分析

2.3.1　学习目标

(1)掌握具有发声功能的元件与运用

(2)掌握发光技术元件与运用

(3)赏析声光技术案例

2.3.2　电声元件

物理学中,传声器是靠声波作用于振膜引起振动来进行信号传输工作的,这与我们耳朵的"工作原理"非常相似。电声元件是能够转换电能和声能的元件,通常是利用电磁感应、静电感应或压电效应等来完成电声转换的。

电声元件中最常用的是扬声器,扬声器又称"喇叭",是一种十分常用的电声换能器件,在发声的电子电气设备中都能见到它。扬声器在音响设备中是一个最薄弱的器件,而对于音响效果而言,它又是一个最重要的部件(如图 2-34 所示)。

很多同学有疑问,音响到底是如何发声的?要知道音响发声的原理,我们首先需要了解声音的传播途径。声音的传播需要介质(真空不能传声);声音要靠一切气体、液体、固体作媒介传播出去,这些作为传播媒介的物质称为介质。就好比水波,你往平静的水面上抛一个石子,水面就有波浪,再由对岸传播到四周;声波也是这样形成的。声波的频率在 20~20000Hz范围内能够被人耳听到,低于或高于这个范围,人耳都听不到。

扬声器是把电信号转换为声信号的一种装置,它由线圈、磁铁、纸盆等组成(如图 2-35所示)。由放大器输出大小不等的电流(交流电),在磁场的作用下使线圈移动,线圈连接在纸盆上带动纸盆震动,再由纸盆的震动推动空气,从而发出声音。

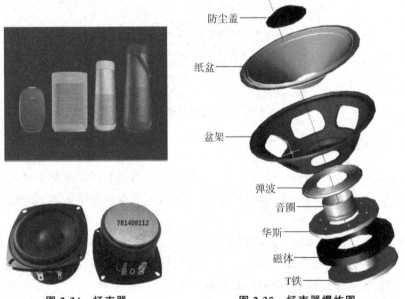

防尘盖

纸盆

盆架

弹波

音圈

华斯

磁体

T铁

图 2-34　扬声器　　　　图 2-35　扬声器爆炸图

当喇叭接收到由音源设备输出的电信号时,电流会通过喇叭上的线圈,并产生磁场反应。而通过线圈的电流是交变电流,它的正负极是不断变化的。正极和负极相遇会相互吸引,线圈受到喇叭上磁铁的吸引向后(箱体内)运动;正极和正极相遇则相互排斥,线圈向外(箱体外)运动(如图 2-36 所示)。这一收一扩的节奏会产生声波和气流,并发出声音,它和我们讲话的喉咙振动是同样的效果。

图 2-36　喇叭结构

2.3.3　话筒

话筒按其结构不同,可分为动圈式、电容式、晶体式、炭粒式、铝带式等,最常用的是动圈式话筒和电容式话筒。

从话筒的剖面图(如图 2-37 所示)里可以看到磁体、线圈、膜片几个主要部件,动圈式话筒(如图 2-38 所示)的工作原理是当声波使金属膜片振动时,连接在膜片上的线圈(叫作音圈)随着一起振动,音圈在永磁体的磁场里振动从而产生感应电流(电信号),感应电流的大小和方向都变化,振幅和频率的变化都由声波决定,这个信号电流经扩音器放大后传给扬声器,从扬声器中就发出放大的声音。

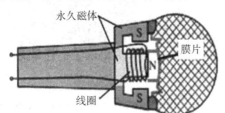

图 2-37　话筒结构

图 2-38　动圈式话筒

还有一种电容式话筒(如图 2-39 所示)是由一金属振动膜和一固定电极构成,两者之间距离很近,0.025~0.05 毫米,中间的介质是空气,因此形成一个电容器。电容话筒全称是"静电容量变化型传声器"。

目前,电容式话筒已在通讯设备、家用电器等电子产品中广泛。

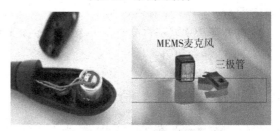

图 2-39　电容式话筒

2.3.4　发光技术

第一种是 CFL(紧凑型荧光灯、节能灯,又称省电灯泡、电子灯泡、紧凑型荧光灯及一体式荧光灯),是指将荧光灯与镇流器(安定器)组合成一个整体的照明设备。

如图 2-40 及图 2-41 所示,将节能灯与美丽的灯罩进行搭配,就形成了不同风格的灯具产品,可以应用在家居环境中。

图 2-40　LED 灯珠

图 2-41　电灯

第二种是发光二极管(LED)。发光二极管是将电能转化为光能的半导体元件。主要由LED芯片、透明环氧树脂封装、楔形支架、阳极杆、引线架以及有发射碗的阴极杆组成的。

LED发光原理是利用固体半导体芯片作为发光材料,在半导体中通过载流子发生复合放出过剩的能量而引起光子发射,直接发出红、黄、蓝、绿、青、橙、紫、白色的光。LED照明产品就是利用LED作为光源制造出来的照明器具。

图2-42　飞利浦LED显示钟表

LED主要具有寿命长、光效高、无辐射与低功耗的特点。LED基本上是一块很小的晶片被封装在环氧树脂里面,所以它非常小,非常轻。LED使用冷发光技术,发热量比普通照明灯具低很多。LED应用于显示屏、交通信号显示光源的灯,具有抗震耐冲击、光响应速度快、省电和寿命长等特点,广泛应用于各种室内、户外显示屏,分为全色、双色和单色显示屏。如飞利浦这款LED显示钟表(如图2-42所示),设计时尚简洁,放置在床头,使用方便。

LED作为LCD背光源应用,具有寿命长、发光效率高、无干扰和性价比高等特点,已广泛应用于电子手表、手机、BP机、电子计算器和刷卡机上。

随着便携式电子产品日趋小型化,LED背光源更具优势,因此背光源制作技术将向更薄型、低功耗和均匀一致方面发展。

由此看出,声光技术主要包括常用的电声元件扬声器和话筒与LED,这些技术在家电产品、音响以及米电产品(如手机的常用配件)中应用广泛。

2.4　家电产品显示技术分析

2.4.1　阅读提示

(1)掌握显示技术的定义
(2)掌握显示技术元件与运用
(3)赏析显示技术发展案例

2.4.2　显示技术

显示技术是利用电子技术提供变换灵活的视觉信息的技术。

显示技术的任务是根据人的心理和生理特点,采用适当的方法改变光的强弱、波长(即颜色)和其他特征,组成不同形式的视觉信息。视觉信息的表现形式一般为字符、图形和图像。

不同的显示器件依据的是不同的物理原理。任何电子显示方法都是改变光的某些特性。有源显示器件是靠器件自身发光实现显示;无源显示器件是靠外部光源的照射而实现显示。还有一些显示器件是利用光的折射、衍射或偏振来实现显示的。

目前的显示技术有很多,如传统CRT、液晶显示(LED)、等离子体显示板(PDP)、场发射显示(FED)、电致发光(EL)、发光二极管(LED)、真空荧光显示(VFD)、有机电致发光(OEL)等。

2.4.3 阴极射线管(CRT)

射电子在阳极高压的作用下射向萤光屏,使萤光粉发光,同时电子束在偏转磁场的作用下,作上下左右的移动来达到扫描的目的。

如图2-43所示,CRT的形状如一个横放的漏斗,因此我们可以得知老式的电视具有大屁股造型特点是由于内部显象的结构决定的。

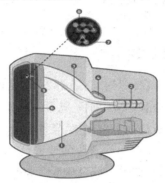

图 2-43 CRT 电视

2.4.4 液晶显示(LED)

1888年,奥地利植物学家发现了一种白浊有黏性的液体,后来,德国物理学家发现了这种白浊物质具有多种弯曲性质,认为这种物质是流动性结晶的一种,由此而取名为 Liquid Crystal,即液晶。

液晶显示的显像原理,是将液晶置于两片导电玻璃之间[如图2-44(左)所示],靠两个电极间电场的驱动引起液晶分子扭曲排列的电场效应[如图2-44(右)所示],以控制光源透射或遮蔽功能,在电源关开之间产生明暗而将影像显示出来,若加上彩色滤光片,则可显示彩色影像。

不加电压时　　　　加电压时
图 2-44 液晶原理

液晶显示材料具有明显的优点:功耗微小、可靠性高、显示信息量大、彩色显示等,可以制成各种规格和类型的液晶显示器,便于携带。由于这些优点,用液晶材料制成的计算机终端和电视可以大幅度减小体积。如图2-45、图2-46所示运用液晶显示制成的液晶收音机、液晶电视。液晶显示技术对显像产品结构产生了深刻影响,促进了微电子技术和光电信息

图 2-45 液晶收音机   图 2-46 液晶电视

2.4.5 等离子显示面板(PDP)

等离子屏幕的面板主要由两部分所构成(如图 2-47 所示),一个是靠近使用者面的前板制程,其中包括玻璃基板、透明电极、Bus 电极、透明诱电体层、MgO 膜。另一个是后板制程,其中包括荧光体层、隔墙、下板透明诱电体层、寻址电极、玻璃基极。

等离子显示面板的发光原理是在两张超薄的玻璃板之间注入混合气体,并施加电压使气体产生等离子效应,放出紫外线,激发三原色显示。与 CRT 显像管显示器相比,具有分辨率高、屏幕大,超薄(如图 2-48 所示),色彩丰富、鲜艳的特点。与 LCD 相比,具有亮度高、对比度高、可视角度大、颜色鲜艳和接口丰富等特点。

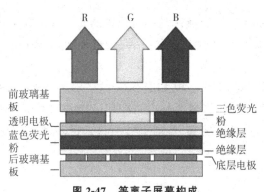

图 2-47 等离子屏幕构成   图 2-48 等离子电视

松下在 2009CES 大展上展出了旗下超薄等离子电视产品 Z1 系列。Z1 是松下所有电视中的旗舰级产品,只有 1 英寸的机身厚度配备了无线高清连接功能,以及 Viera Cast 网络流媒体功能。

2.4.6 有机发光二极管(OLED)

OLED 属于主动发光,其正极是一个薄而透明的铟锡氧化物,负极为金属组合物,而将有机材料层(包括空穴传输层、有机发光层、电子传输层等)包夹在其中,形成一个"三明治"(如图 2-49 所示)。接通电流,正极的电洞与负极的电荷就会在发光层中结合,产生光亮。根据包夹在其中的有机材料的不同,会发出不同颜色的光。

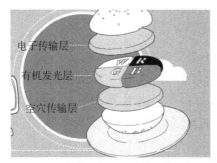

图 2-49　OLED 发光技术

OLED 显示技术广泛运用于苹果手机、IWATCH、VR、音响和电视等（如图 2-50 所示）。OLED 显示器很薄很轻，因为它不使用背光。OLED 显示器还有一个最大为 170 度的宽屏视角，其工作电压为 2～10 伏特。

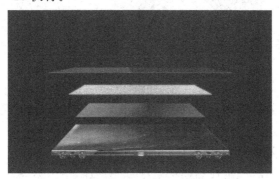

图 2-50　OLED 技术运用

OLED 的优势有许多，比如：OLED 具有纤薄的机身及想怎么弯曲就怎么弯曲的柔性特质，无线的对比度、画质色彩好、分辨率高、视角宽广，低温特性好，在零下 40 度时仍能正常显示，而 LCD 则无法做到，而且制造工艺简单，成本更低。

OLED 的劣势：寿命通常只有 5000 小时，要低于 LCD 至少 1 万小时的寿命；目前不能实现大尺寸屏幕的量产，只适用于便携类的数码类产品；存在色彩纯度不够的问题，不容易显示出鲜艳、浓郁的色彩。

图 2-51 是三星 S10 系列产品上所搭载的 OLED 面板，加入了调整蓝光波长的新技术，从而将有害蓝光比例从现有的 12％大幅削减到 7％。三星官方称，这一结果显示其面板相比普通 LCD 屏幕减少了近 61％的蓝光。

图 2-51　OLED 三星 S10 系列

2.4.7 电子墨水

电子墨水主要由大量细小微胶囊(microcapsules)组成,这些微胶囊约为人类头发直径大小。每个微胶囊中包含悬浮于澄清液体之中的带正电荷的白粒子和带负电荷的黑粒子。设置电场为正时,白粒子向微胶囊顶部移动,因而呈现白色。同时,黑粒子被拉到微胶囊底部,从而隐藏。如施加相反的电场,黑粒子在胶囊顶部出现,因而呈现黑色(如图 2-52 所示)。

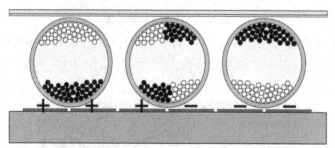

图 2-52 电子墨水的原理

电子墨水的特点:

(1)电子墨水的反射率较低,最接近印刷的效果,长时间阅读感觉非常舒适(如图 2-53 所示)。

(2)在强光环境甚至阳光下,电子墨水产品也很容易阅读。

(3)电子墨水可以用制成柔性的类似于报纸的产品,也可以制作为非平面的显示产品(如图 2-54 所示)。

图 2-53 电子书

图 2-54 电子墨水产品

(4)电子墨水仅在更新显示时需要耗能,通常状态可保持显示静态图象达数周,而不耗费任何电能。

(5)目前显示更新速度较慢,有残影现象;量产产品仅能显示黑白图文,色阶过渡也不够丰富;价格较贵。

小米有品上架了一款电子墨水屏设备(如图 2-55 所示),应该是其首款电子纸设备,确实不是阅读器,而是温度计。这款产品叫青萍蓝牙温湿度计,采用 CR2430 纽扣电池,14mm 纤薄机身电子墨水屏,显示室内温度和湿度,内置磁铁,配有墙贴,可以倾斜放置,或者贴在冰箱、浴室等立面上，可以通过蓝牙与米家 APP 连接，最高显示 1 个月的温湿度数据走势。其采用的是瑞 sensirion 温湿度传感器，可以准确地完成室内的温度测量。

由此看出，家电产品以及便携电子产品中运用的五种显示技术，主要包括显示技术阴极射线管（CRT）、液晶显示（LCD）、等离子显示面板、有机发光二极管（OLED）、电子墨水。我们了解了它们的技术原理，也介绍了它们

图 2-55　小米温湿度计

的应用，希望同学们在了解这些技术的基础上，能够灵活地应用在各类产品创新上。

2.5　家电产品与智能识别技术分析

2.5.1　阅读提示

（1）掌握人脸识别与语音识别
（2）了解三维语音的原理

2.5.2　人脸识别技术

人脸识别是基于人的脸部特征信息进行身份识别的一种生物识别技术。也就是用摄像机或摄像头采集含有人脸的图像或视频，并自动在图像中检测和跟踪人脸，进而对检测到的人脸进行脸部识别的一系列相关技术，通常也叫作人像识别、面部识别（如图 2-56 所示）。

先来看一个案例，钉钉智能前台（如图 2-57 所示）成功地运用人脸识别技术并获世界 IF 大奖，它是 2020 年智能移动办公时代的创新性产品，是企业的"无人前台、行政管家"。

图 2-56　人脸识别技术

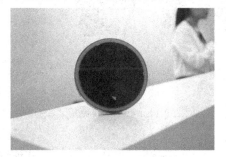

图 2-57　钉钉智能前台

钉钉智能前台首次在办公硬件产品中实现远距离、毫秒级精准辨认、多人同时识别。

钉钉智能前台搭载 3 微米工业级大像素摄像头，此摄像头图像捕捉无拖影；5 寸 720P HD 光学全贴合高清屏，在复杂光环境下，这种屏幕依然能保持画面清晰明丽。

钉钉智能前台测评过程中，其人脸识别最远距离为 3 米，在多人同时打卡、运动状态打卡、局部面部打卡灵敏度上表现优异，极速识别面孔只需 0.6 秒，实测 4 人并行走过钉钉智能前台，匆匆一瞥即在不经意间完成打卡，功能表现惊艳，"极速考勤，只是在人群中多看了你一眼"。

为了更好地体现出高科技带来的智慧感觉,在外观上赋予其"魔镜"的设计灵感。

2.5.3 语音识别技术

语音识别是将人类的声音信号转化为计算机可读输入。最显著的特征就是"解放了双手",用自然的语言沟通,眼睛和手可以同时处理其他事情。

试想一下语音识别技术发展所带来的改变:我们躺在沙发上,双手打着游戏,我只需要用声音就可以操控空调、预定一份外卖,并且在一小时左右就能吃上,相信这种体验一定不错! 这一技术可以应用在智能家居、车载驾驶、企业应用、医疗和教育领域。

以智能音箱为例,区别在于"智能"二字,它集播放网络音乐、语音查询信息、语音娱乐互动甚至控制智能家电的功能于一体。

图 2-58 是智能家居类语音助手产品发布图,从图 2-58 中我们看到,从 2014 年至今,苹果、Lenovo、LG、阿里巴巴、小米、Harmon Kardon 和 Matte 等都发布了企业的智能语音产品。

图 2-58　智能家居类语音发布图

如苹果的 HomePod 独具匠心的设计,体现出小体量大音量的设计理念(如图 2-59 所示)。

图 2-59　HomePod 内部麦克风设计

在语音处理技术的设计上,高振幅低音单元在整个扬声器的顶部朝上设置,因而能创造出比传统扬声器更为深远雄厚的低音效果。HomePod 内置六个环形排列的麦克风,位于扬声器的中部,用来捕捉房间内的各种声音。高音单元置于扬声器的底部,采用折叠号角式设计,可将音乐源源不断地传向中心,再以 360 度的形式从底部扩出,营造出全环绕式的空间感。

在外观设计上:HomePod 采用了圆滚滚的灯笼造型,高度不到 18 厘米,看上去就像是一个"小矮胖子",摆在家中哪里都合适。

在材料上:HomePod 采用无缝式网眼织物包覆设计,兼具优雅的美学外观和出众的声学性能。

2.5.4　三维语音技术

三维虚拟声音系统的核心是声音定位技术(如图 2-60 所示),它有三个主要特征,分别是面向三维定位特性、三维实时跟踪特性、沉浸感与交互感。

面向三维定位特性是指在三维虚拟空间中把实际声音信号定位到特定虚拟专用源的能力。它能使用户准确判断出声音的位置,符合人们的真实听觉方式。

三维实时跟踪特性是指三维虚拟空间中实时跟踪虚拟声音位置变化的能力。

三维虚拟声音的沉浸感就是指加入三维虚拟声音后,能使用户产生身临其境的感觉,这可以更进一步使人

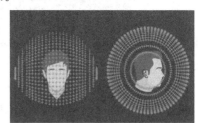

图 2-60　三维语音技术

沉浸在虚拟环境之中,有助于增强临场效果。而三维声音的交互特性则是指随着用户的临场反应的改变实时响应的能力。

在 VR 系统中,借助于三维虚拟声音可以衬托视觉效果,使人们对虚拟体验的真实感增强(如图 2-61、图 2-62 所示)。即使闭上眼睛,也知道声音来自哪里。

图 2-61　三维语音技术应用

图 2-62　三维语音技术应用

本节介绍了人脸识别、语音识别、三维语音技术的定义与案例,希望读者在了解这些技术的基础上,能够灵活地应用在各类产品创新上。

 案例

德国家电品牌设计赏析(下)

德国的家电品牌众多,比如利勃海尔、Take(博朗)、Gaggenau(嘉格纳)、库博仕、Miele(美诺)这些品牌的设计理念与经典产品案例值得我们学习与鉴赏。

（1）利勃海尔

利勃海尔集团于 1949 年创立，利勃海尔于 1950 年开始制造家用冰箱，经过多个多世纪的发展，德国利勃海尔被世人共认为是高品质的象征，生产的产品有冰箱和冰柜、酒柜、雪茄储存柜（如图 2-63 所示）。

图 2-63　利勃海尔电器

利勃海尔将高品质材质与经典外形线条结合，顶级不锈钢材质、精准电子控制系统与雅致的内外空间，让人们拥有永恒出众的优雅厨房家电。

为什么选择利勃海尔？为了确保产品可靠性，利勃海尔只使用质量最高的材料和部件生产设备。而且因为操作方便、能效高、设计一流并且具有各种实用功能，可以保证食品的新鲜度和质量，为健康、时尚的生活方式提供便利。此外，利勃海尔非常关注环境可持续和责任，在利勃海尔，最初设计冰箱和冰柜时就承担了环境责任，只使用最高质量部件来确保设备长期可靠运行，提供最佳能效。

（2）Teka

关注西甲联赛的球迷肯定对这个标志特别熟悉（如图 2-64 所示），没错，它就是皇马 13～16 赛季的合作伙伴，来自德国的 Teka。

图 2-64　Teka 标识

1924 年成立于德国的 Teka 是一家大型欧洲工业集团，致力于生产和制造厨房电器（如图 2-65 所示）、卫浴、饮料和工业容器等。

图 2-65　Teka 电器

Teka 是能为用户的厨房提供完美解决方案的公司,因为其公司生产厨房所用的几乎所有电器,品种繁多,而且 Teka 是全球啤酒桶生产的领导者,更奠定了生产水槽、吸油烟机、灶具和烤箱产品的欧洲标准。

不仅如此,Teka 的每一类产品针对不同用户设计了细分产品如燃气灶设计了单头、两头、多头等,材料有微晶玻璃,也有不锈钢等为用户提供多样化选择(如图 2-66 所示)。

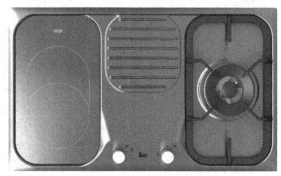

图 2-66　Teka 燃气灶设计

(3)Gaggenau(嘉格纳)

来自德国的世界顶级专业厨房电器品牌 Gaggenau(嘉格纳),创立于 1683 年。从十七世纪中叶到三百多年后的今天,Gaggenau(嘉格纳)这个独具匠心的品牌树立了个性:锐意进取,拒绝平庸。

一直致力于研发、生产、销售世界顶级品质的厨房奢侈家电——烤箱、蒸汽烤箱、微波炉、咖啡机、灶具、吸油烟机、冰箱、酒柜、洗碗机等(如图 2-67 所示),每一件皆是集历史传承和革新技术的大家之作。

图 2-67　嘉格纳电器

其以"外形更简洁,功能却更多"的设计理念为荣,图 2-68、图 2-69 所示为灯光与抽油烟机的集成、电磁炉与燃气灶的集成、蒸煮的集成,为我们呈献出集合便捷功能操作与赏心悦目外观设计的产品。

图 2-68　嘉格纳电磁炉

图 2-69　嘉格纳厨房电器

(4)Küppersbusch(库博仕)

著名厨房电器品牌库博仕于 1875 年在德国成立,迄今已有一百三十七年的历史,乃全球历史最悠久的厨房电器生产制造商之一。库博仕凭借其一流的品质、精湛的工艺,多年来一直都是倍受推崇的世界著名厨电品牌。

图 2-70 中电器重要的特点是省略把手后,电器和橱柜处于同一水平面上,显得干练、整洁。既不会突出于橱柜表面给人一种压迫感,让人更注重电器而不注重橱柜;也不会表达过于低调,让人注重橱柜而忽略电器,更能体现电器与橱柜的相互映衬。

图 2-70　库博仕一体厨房电器

库博仕的名字代表了创新与传统,产品获得过六十多次国家、国际级别的设计大奖,在炉灶、燃气灶(如图 2-71 所示)、洗碗机、小家电、电动厨房多领域享有盛名。

图 2-71　库博仕厨房电器

(5)Miele(美诺)

诞生于 1899 年,从创立伊始至今,经过百年的历练和不断创新,在传统与现代的博弈中寻求最佳结合点,Miele(美诺)厨电简练、奢华且经久不衰,将舒适、艺术和品味融入到日常生活的点滴之中,让生活中的每一个细节都变成一种享受。

Miele秉持着线条简洁明晰和外型经典优雅的设计信条(如图2-72所示)。其嵌入式厨房电器风格多变(如图2-73所示),且在设计线条和选择颜色时保持一致,适合最多样的室内设计和厨房家具前端,无论家中的厨房是何种风格,它都能够完美搭配。

图2-72　美诺厨房电器

图2-73　美诺电器

本节德国的五个著名家电品牌中,有的倡导品质感、环保可持续性,有的强调系统性,有的轻奢,有的将舒适、艺术和品味融入到日常生活的点滴之中。

📝 家电认知训练

1.选择一个小家电产品进行拆机实操,并记录拆机的过程。

2.观察身边的家电产品,思考一下这些家电产品的加热技术、声光技术、加热技术、显示技术、智能识别技术是如何应用的?

3.每位同学选择一个德国家电品牌,进行资料搜集,整理制作成PPT,进行分享汇报。

第3章 典型家电产品原理分析

3.1 家电产品系列1原理分析

3.1.1 阅读提示

(1)掌握空气净化器与加湿器的工作原理

(2)掌握牙刷消毒器与除螨仪的工作原理

(3)了解感应灯的类别与原理

3.1.2 空气净化器原理

空气净化器主要由马达、风扇、空气过滤网等系统组成,其中空气过滤网是空气净化的核心部件,机器内的马达和风扇使室内空气循环流动,污染的空气通过机内的空气过滤网后将各种污染物清除或吸附,如图3-1所示未经净化的空气经过前置初级过滤层,然后通过H11中效HEPA过滤层,之后是智净技术核心层,再经过H13高效HEPA过滤层以及含酶除菌过滤层,最后经过负离子净化层,将空气不断电离,产生大量负离子,被微风扇送出,形成负离子气流,达到清洁、净化空气的目的。

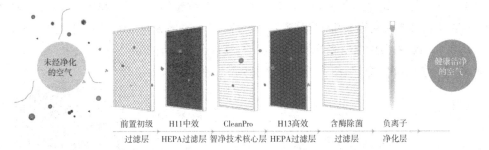

| 前置初级 | H11中效 | CleanPro | H13高效 | 含酶除菌 | 负离子 |
| 过滤层 | HEPA过滤层 | 智净技术核心层 | HEPA过滤层 | 过滤层 | 净化层 |

图3-1 空气净化器原理

3.1.3 加湿器原理

加湿器中最常用的是超声波加湿器,超声波加湿器采用超声波高频振荡,将水雾化为1～5微米的超微粒子,扩散至空气中,从而达到均匀加湿空气的目的。

加湿器工作的第一步是通过振荡电路对换能器激励,使得震荡片自身产生超声频机械振动,这一步称为压电效应原理。如图3-2所示,可以看到超声

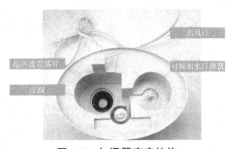

图3-2 加湿器底座结构

波震荡片的位置。第二步就是震荡片的振动传导到水中,使得液态水雾化,这一步称为空化作用。第三步就是通过出风口将水雾吹向空中。

3.1.4 牙刷消毒器原理

牙刷消毒器是疫情期间开始流行的产品,它利用紫外灯对牙刷进行消毒杀菌。

牙刷消毒器是利用紫外线的工作而消毒的(如图 3-3 所示),采用冷阴极紫外灯管,可发出波长为253.7nm的紫外线,是利用较低汞蒸汽压($<10^{-2}$ Pa)被激化而发出 UV 光波类型。

牙刷消毒器除了具有消毒功能,还具有热烘干功能,通过热烘干功能有效抑菌不烧刷头,避免细菌二次感染。

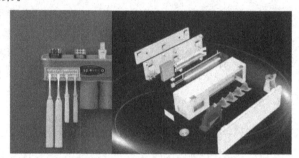

图 3-3　牙刷消毒器爆炸图

3.1.5 除螨仪原理

除螨仪就是吸尘器用强劲吸力将螨虫吸进机器内。

如图 3-4 所示除螨仪工作主要是通过电机运转带动底部滚刷条(如图 3-5 所示)高频拍打,将螨虫及其他细菌从寝具缝隙中震荡出来,接着由底部紫外杀菌灯(UV)进行消毒(如图 3-6 所示),然后由负责吸力的电机带动,再将螨虫及其他细菌吸入集尘盒中。

除螨仪一般采用宽吸口,提高除螨效率,达到快速深层清洁的目的。

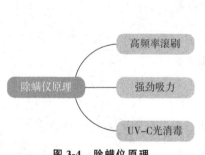

图 3-4　除螨仪原理　　　图 3-5　除螨仪滚刷　　图 3-6　除螨仪 UV 光

3.1.6 感应灯原理

图 3-7 所示为感应灯的工作流程,当人经过时触发红外线感应装置,灯自动开始强光模式,当人离开感应范围时,灯自动转为微量模式。

感应灯主要有红外线感应灯、触摸式感应灯、声控感应灯和光敏感应灯。

红外线感应灯主要器件为人体热释电红外传感器。人体热释电红外传感器的工作原理为：人体都有恒定的体温，一般在 37 度左右，所以会发出特定波长 10 微米左右的红外线，被动式红外探头就是探测人体发射的 10 微米左右的红外线而进行工作的。人体发射的 10 微米左右的红外线通过菲涅尔透镜滤光片增强后聚集到红外感应源上。

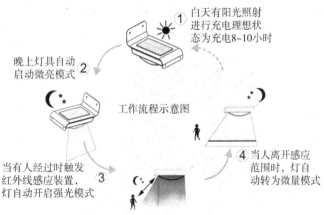

① 白天有阳光照射进行充电理想状态为充电8~10小时

② 晚上灯具自动启动微亮模式

工作流程示意图

③ 当有人经过时触发红外线感应装置，灯自动开启强光模式

④ 当人离开感应范围时，灯自动转为微量模式

图 3-7　感应灯的工作流程

触摸式感应灯原理是内部安装电子触摸式 IC 与灯触摸处之电极片形成一控制回路。当人体碰触到感应之电极片，触摸信号借由脉动直流电产生一脉冲信号传送至触摸感应端，接着触摸感应端会发出一触发脉冲信号，就可控制开灯；如再触摸一次，触摸信号会再借由脉动直流电产生一脉冲信号传送至触摸感应端，此时触摸感应端就会停止发出触发脉冲信号，当交流电过零时，灯自然熄灭。

声控感应灯是声音是震动产生的，声波在空气中传播，如果遇到固体则会把这种震动传播到固体上。声控元件就是这种对震动敏感的物质，有声音时就接通（电阻变小），没有声音时就断开（电阻变得很大）。

光敏感应灯中，光感应模块首先检测光线的强度，决定是否将 LED 红外感应灯的各模块待命和锁定。有两种情况：

（1）白天或光线比较强时，光感应模块根据感应值锁定红外感应模块和延时开关模块。

（2）晚上或光线比较暗时，光感应模块根据感应值，使红外感应模块和延时开关模块处于待命状态。

3.2　家电产品系列 2 原理分析

3.2.1　阅读提示

（1）掌握洗衣机、烤箱、微波炉的工作原理
（2）掌握感应秤、扫地机器人的工作原理

3.2.2　洗衣机原理

首先了解下波轮洗衣机的工作原理（如图 3-8 所示）。波轮洗衣机的工作原理简单点说就是靠底部的波轮片带动水流中的衣服旋转，让衣服在水中来回摩擦、揉搓。类似二十世纪八十年代妇女用搓衣板搓衣服，通过来回揉搓达到清洁的目的。

然后了解下滚筒洗衣机的工作原理（如图 3-9 所示）。这种滚筒洗衣机的最初设计原理是利用机械滚动，衣服在一个滚筒内不断被提升摔下来、提升摔下来，以模仿最原始的棒锤

击打衣物来清洁的原理,就像在影视作品中看见的那些主妇们在河边用棒槌敲打衣服一样。

图 3-8　波轮洗衣机的工作原理

图 3-9　滚筒洗衣机的原理

3.2.3　吸尘器原理

吸尘器的系统通常由动力单元 M、集尘单元 S、控制单元 C 三个模块组成,动力单元主要包括电源、马达、叶片三个部件,集尘单元主要包括集尘空间、滤网、尘量指示三个部件,控制单元主要包括把手、吸头、导管、开关四个部件(如图 3-10 所示)。

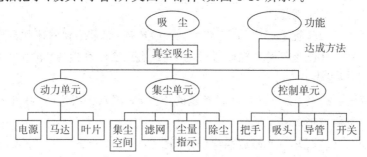

图 3-10　吸尘器系统

将吸尘器的不同单元模块整合就可以设计针对不同使用方式的吸尘器包括手持式、箱体式、扫地机器人式,吸尘器的形状也不同。

仔细看下具有科技含量的扫地机器人的工作原理,每一个扫地机器人都有一个控制单元,比如激光导航的扫地机器人是通过激光测距的方法生成室内地图,在此基础上合理地规划清扫路线。它的顶端设置有一个可旋转的激光发射头和配套接收器,通过发射激光扫描自身到边界每个点的距离,从而生成数字地图,还能根据屋内家具位置的变化实时更新(如图 3-11 所示)。

图 3-11　扫地机器人的导航系统

扫地机器人的动力单元是通过电动机的高速旋转,在主机内形成真空,利用由此产生的高速气流,从吸入口吸进垃圾。这时气流的速度高达时速 240 转,虱子等害虫在进入主机之时,便因高速碰撞吸尘管内壁而死掉。

扫地机器人的集尘单元(如图 3-12 所示)是吸入扫地机的垃圾,将垃圾积蓄在布袋机,被过滤网净化过的空气则边冷却电动机边被排出扫地机。

图 3-12　扫地机器人的集尘单元

3.2.4　微波炉原理

微波炉是运用产生的 2450MHz 超高频电磁波,即微波,快速震动食品内的蛋白质、脂类、糖类及水等物质的分子,使之相互碰撞、挤压、摩擦,重新排列组合。

微波炉是靠食品内部的摩擦生热来进行烹调的。微波炉的原理如图 3-13 所示。

图 3-13　微波炉的原理

3.2.5　烤箱

电烤箱的工作原理是,通电后远红外发热片即发出高温,并以远红外线形式向外辐射,热量便被食品吸收。食物便由表及里逐渐熟透,从而产生外焦里嫩的效果(如图 3-14 所示)。

电烤箱主要由外壳、电热元件、定时器、控温器以及功率调节器等组成。

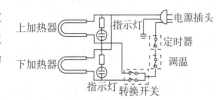

图 3-14　烤箱的工作原理图

3.2.6　体重秤

如图 3-15 所示,体重秤是利用压力传感器,在置物平台上放上重物后使表面发生形变而引发了内置电阻的形状变化,电阻的形变必然引发电阻阻值的变化,电阻阻值的变化又使内部电流发生变化产生了相应的电信号,电信号经过处理后就成了可视数字。

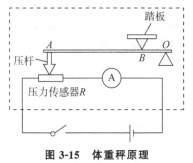

图 3-15　体重秤原理

如图 3-16 所示,电子体重秤是一种智能型体重测量仪器,四角设压力传感器,这就是体重秤的主要元器件。

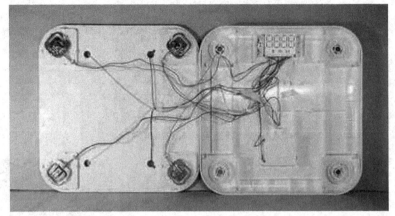

图 3-16　电子体重秤的元器件

3.3　破壁料理机原理分析

3.3.1　阅读提示

(1)体验料理机的使用过程
(2)掌握料理机的工作原理

3.3.2　体验对象的工作原理与产品发展

不知从什么时候开始,料理机走入了大众的视野。功能较为单一的豆浆机已经不能满足人们对营养多元化的追求。集打豆浆、榨果汁、搅肉馅、做沙冰、做奶昔等功能于一身的料理机在商家的宣传和消费者的传播下迅速风靡全国,甚至还出现了带加热功能的破壁料理机。营养学专家指出,疏菜和水果中富含保健、治疗功能的植物生化素,主要存在于果皮、渣及籽内,但这些营养通常被忽略乃至丢弃,或人体咀嚼器官无法完全嚼碎,所以这些营养成分很难被人体吸收。科学研究证明,食用未破壁的疏果,只有 10～20％被人体吸收,大部分疏果的珍贵营养成分都浪费了,而破壁后的营养成分吸收率高达 90％以上。

破壁机的存在就是为了帮助人们从食材中获取更多的营养物质,破壁料理机是采用超高速电机带动不锈钢刀片,在杯体内对食材进行超高速切割和粉碎,从而打破食材中细胞的细胞壁,将细胞中的维生素、矿物质、植化素、蛋白质和水分等充分释放出来的一种食材加工产品。

破壁机的发展历程就是其技术发展的过程,直到近期随着破壁机技术的成熟,用户使用更加方便,破壁料理机开始流行。

先看下第一代破壁产品及技术原理。

第一代破壁料理机就是常见的手动类取汁产品,如扭橙器(如图 3-17 所示)、手动挤汁器等,其有限的挤压力只能对细胞壁很大且较软的食材,如橙肉、大番茄肉等进行非常有限的破壁,破壁率极低。

图 3-17　第一代破壁料理机

　　第二代破壁料理机(如图 3-18 所示)就是传统料理机,通过电机带动刀片高速旋转切割食材,因其电机负载转速只有 10000～15000 转/分钟,最终的破壁粉碎效果一般,大番茄类食材破壁率两分钟只能达到 40%。常用功能有榨豆浆、榨果汁、做奶昔、磨粉、绞肉等。

　　第三代破壁料理机代表产品为破壁料理机,继承了料理机的设计结构和主要功能,电机工作负载转速在 10000～20000 转/分钟,破壁粉碎效果一般,破壁率仅达到 48% 左右(如图 3-19 所示)。市场上部分加热型破壁料理机是在常规破壁料理机的基础上增加了底盘加热功能。其加热功能一般在 500～800W,加热效率低,无法长时间加热。其产品的实际转速比普通破壁料理机有所降低,做出的食物口感一般。

　　第四代破壁料理机通过实际工作转速约 16000～30000 转/分钟的大扭力电机、六叶刀片、厚度 1.5～3mm 的刀片优化设计,实现对食材 242～452 公里/小时的刀片黄金切割速度和近 180000 次/分钟的切削频次,破壁粉碎效果较好,如西红柿两分钟破壁率达 65% 以上。在此基础上拓展的加热型破壁料理机技术,使用 900W 大功率加热技术实现快速沸腾;实现了加热与破壁技术的完美结合,破壁粉碎效果两分钟高达 86%,做出的食物口感非常细腻(如图 3-20 所示)。

图 3-18　第二代破壁料理机　　图 3-19　第三代破壁料理机　　图 3-20　第四代破壁料理机

　　第五代破壁料理机是在加热型破壁机基础上,结合"抽真空"技术进行全面升级的更好的破壁机,也就是真空破壁机(如图 3-21 所示)。其不仅涵盖破壁机所具备的所有热饮、冷饮功能,而且将"高速破壁技术"与"抽真空技术"相结合,能够在食材破壁前快速抽走杯内空气,让食材在真空状态下破壁,隔绝空气、延缓氧化,让食材的营养保留更完整。因此,真空破壁机是更好的破壁机,是结合了真空技术、破壁技术以及加热技术的新一代破壁机。

图 3-21　第五代破壁料理机

3.3.3 破壁料理机的产品部件与使用过程

破壁料理机的产品部件主要由主机、杯体以及配用附件组成（如图 3-22 所示）。采用杯体和主机分离的设计方式。

图 3-22 破壁料理机部件

破壁料理机的使用过程简单方便，只需三步，第一步洗净食材，第二步放入食材，第三步选择按键一键操作（如图 3-23 所示）。

01 洗净食材　　02 放入食材　　03 一键制作

图 3-23 破壁料理机使用过程

3.3.4 破壁料理机的试用体验

首先确定体验对象。

体验产品：破壁加热料理机（如图 3-24 所示）

产品型号：Y925

体验时间：2020 年 12 月 09 日—12 月 13 日

体验任务是运用破壁料理机制作浓汤一份、酱料一份、果汁一份，通过以上体验任务设定，发现产品中优秀的设计和存在的明显缺陷设计。

图 3-24 体验产品

第一个任务是制作西红柿、玉米浓汤（如图 3-25 所示）。

将西红柿、玉米放入玻璃的可加热的杯中,加入凉开水,加入适量的盐;选择浓汤按钮,屏幕显示 30 分钟,按下启动键;前 15 分钟以煮为主,煮时轻微拍打下,防止糊底,后 10 分钟开始以打磨为主,这时噪声很大。完成后会有声音提示,旋开杯盖倒出。这时已经完全煮开,请注意非常烫。

图 3-25　体验制作西红柿浓汤

第二个任务是八角研磨(如图 3-26 所示)。

将八角放入破壁机的专用研磨杯中,选择酱料按钮,屏幕上显示 6 分钟,按启动键,八角在破壁机内飞速旋转,噪声很大,研磨停止会有声音提示,旋开盖子,发现研磨得非常细,已经成烟了而且八角的味道迅速扩散出来。

图 3-26　体验八角研磨

第三个任务是制作酸奶苹果汁(如图 3-27 所示)。

将苹果削皮、切块,放入料理冷杯中,加入 150ml 酸奶,选择果汁键,破壁机飞速旋转,1 分钟左右苹果汁就做好了。非常的简单方便,但苹果汁易氧化要尽快食用。

图 3-27　体验制作苹果汁

体验总结:本次体验分别使用了破壁机的加热杯、研磨杯、冷杯制作了浓汤、酱料与果汁,通过体验发现制作浓汤时营养成分保留得比较好,色泽鲜艳,但相比较平时煮汤时间久、噪声大;制作酱料时研磨比较细腻,但开盖后会有浓烟冒出,研磨杯放置要求高,不易使用;制作果汁时快速细腻,不能加热,一加热就会糊底。整体来说操作简单方便,比较节省时间,一键清洗功能有一定的效果,但不够干净,食谱数量较少,使用时不方便观看。料理机未来在静音、智能食谱、一体化服务等方面还有发展空间。

3.4 破壁料理机设计理念分析

3.4.1 阅读提示

（1）了解料理机的产品设计理念

（2）了解料理机的新技术与易用性设计细节

（3）掌握料理机产品线设计理念

3.4.2 单细胞—多细胞的设计理念

我们可以看到家用破壁料理机集合了榨汁机、果汁机、豆浆机、冰激凌机、料理机、研磨机等产品功能，完全达到一机多用，可以瞬间击破食物细胞壁，释放植物生化素。

在这里我们把生活中的这些类似的厨电简单地说一下。

搅拌机：把各种食材混合在一起打成浆或者磨成粉的机器。

料理机：就是搅拌机。

破壁机：高速、大功率、最强刀片的搅拌机。

榨汁机：把水果中的果汁榨出来的机器，汁肉分开。多用刀叶离心式。

原汁机：改成了压榨＋研磨式的榨汁机。

料理机是它们综合起来的一种多功能产品（如图 3-28 所示）。

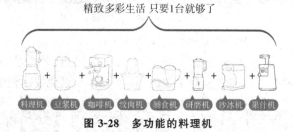

图 3-28 多功能的料理机

3.4.3 新技术推动产品更新换代

在新技术的推动下，料理机不断更新换代，由第一代的机械按钮不加热，发展到第五代的智能操控、可加热（如图 3-29 所示）。

图 3-29 料理机的产品升级换代

破壁机近年来技术的发展主要有:

(1)电机是区分普通搅拌料理机和真正破壁机的关键所在,大马力电机实现真正破壁,快速粉碎食材,节约时间[如图 3-30(左 2 个)所示]。

(2)仿生刀片设计,实现击碎食材不留渣[如图 3-30(右 2 个)所示]。

图 3-30 料理机的电机与刀片技术

(3)值得特别提出的是智能熬煮技术实施五段式破壁熬煮,释放营养的同时防止糊底(如图 3-31 所示)。

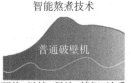

图 3-31 料理机的熬煮技术

(4)目前流行的智能互联技术(如图 3-32 所示),动动嘴就能了解烹饪情况。

随着技术的发展,产品不断更新换代,形成了企业产品的破壁料理机的产品线,依据新技术与材料的运用,将产品划分为高、中、低档次,也为人们根据自己的具体需求与性价比进行挑选提供了空间。图 3-33 所示是九阳品牌的部分产品系列。

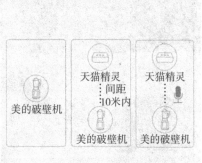

图 3-32 智能互联技术

产品系列	Y917	Y926	Y920	Y08
	年度爆款	真空降噪	进口电机	央视推荐静音
外观				
杯体	冷热双杯	冷热双杯	冷热双杯	冷热双杯

降噪	×	√	×	√
预约	√	√	√	√
炖煮	×	√	√	×
操作方式	触控式	触控/WIFI	触控式	触控/WIFI
转数	35000转/分	35000转/分	40000转/分	18000转/分

图 3-33　九阳产品系列

3.4.4　易用性设计

目前,破壁机产品在易用性设计方面越来越关注(如图 3-34 所示):如开盖保护设计,防止烫伤;杯体材料采用的是加厚高硼硅玻璃材料,表面光滑,只需加水轻轻晃动几下,杯体内壁大多数残留都能晃下来,实现轻松清洗;底座防滑减震设计,减少大功率电机转动带来的震动和噪声;底部排风设计,实现加速散热,保护电机;智能预约,节约烧饭时间;智能防溢设计,享受烹饪无须看管;智能保温设计,解决冬天喝热饮的需求;耐温防烫手柄设计以及智能触控大屏。

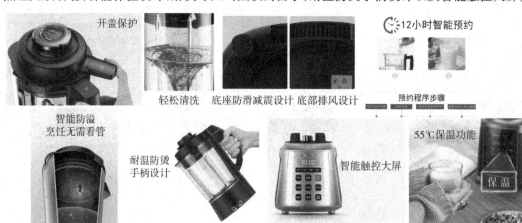

图 3-34　料理机的产品细节

3.4.5 破壁料理机产品群

依托破壁的关键技术已经形成破壁机产品群,产生了多样化的破壁产品(如图 3-35 所示)。企业依托破壁原理和技术,进行用户群的精确划分,衍生出料理机的多品种产品,如九阳品牌除了生产多功能的家用破壁料理机,同时针对年轻白领、大学生、旅行者等群体在办公室、出差等环境下,设计了可移动的、随时随地鲜榨果汁的炸汁机、榨汁杯与迷你破壁机,同时针对婴儿小饭量的需求,设计了一次只做一餐份量的婴儿料理机。

小分量也能搅 小分量搅不动

图 3-35 料理机多品种产品

 案例

英、美、日家电品牌与产品

如今的家电品牌众多,比如英国凯伍德、美国汉美驰、日本巴慕达等,日本±0(正负零)这些品牌的设计理念与经典产品案例值得学习与鉴赏。

(1)英国凯伍德

2007 年,英国 KENWOOD 进入中国后,为区分与中国、日本的 KENWOOD,则更名为"英国·凯伍德"。

他们的每个产品都有一个主要的关注点,或是简单智能操控型,或是有着舒适的触感和交互操控型。产品有的关注使用效果,有的关注操作过程,因此其产品给予用户值得信赖的高性能或让你更加深入体验过程并发挥创造力(如图 3-36 所示)。

赏析下三个 KENWOOD(凯伍德)的产品,第一个是家用多功能厨师机(如图 3-37 所示),这是一款精美且功能强大的全能厨师机,特别能够满足那些喜欢忙碌于创造美味食物与烘焙蛋糕的人们的需求。

图 3-36 凯伍德厨房用品   图 3-37 凯伍德厨师机

第二个是家用多功能厨师机纪念版 KMX50（如图 3-38 所示），这款产品集多彩复古的造型与品牌一贯的可靠性和优越性于一身。符合人体工学设计的开关和附件接口位于厨师机的正面，安装更轻松，使用更方便。

图 3-38　凯伍德厨师机

第三个是趣动搅拌机（如图 3-39 所示），设计理念是运动随行、把健康装进口袋，为坚持健康生活方式的用户量身定制。

凯伍德趣动搅拌机遵循新鲜健康原则，随时随地为用户补充活力与营养。搅拌杯亦是随行杯。用户可以发挥无限的创造力，可制作含香蕉的饮品或蛋白粉饮品，趣动搅拌机帮助用户补充更多身体所需营养。

图 3-39　凯伍德搅拌杯

（2）美国 Hamilton Beach（汉美驰）

Hamilton Beach（汉美驰）是来自美国的西式厨房小家电品牌，已有超过 100 年的悠久历史。拥有 456 项专利，在咖啡机、搅拌机、烤箱、慢炖锅、华夫炉、多士炉、电熨斗、挂烫机产品（如图 3-40 所示）领域一直处于世界领先水平。至今仍保持着美洲最佳品质和安全公司的记录。

图 3-40　汉美驰厨房产品

这款汉美驰的多功能高速破壁料理机（如图 3-41 所示），在解决大功率、快速粉碎食物的同时，解决了噪声问题，为料理机设计了静音罩。

图 3-41　汉美驰料理机

这款汉美驰的空气炸锅(如图 3-42 所示),体验没有油的好味道,配备、易于清洁的不粘食品篮,以及 6 个预先设定好的环境——将炸薯条、鸡肉、海鲜、牛排、烘烤食品和蔬菜完美地烹调,只需轻轻一碰就可以了。产品小巧,设计简洁、大气,体现出时尚感。

图 3-42　汉美驰空气炸锅

(3) 日本 Balmuda(巴慕达)

小米空气净化器的发布让一家叫"Balmuda(巴慕达)"的日本小众家电厂商在国内硬件圈火了,其实空气净化器并非 Balmuda 最著名的产品,这家创立于 2003 年的公司最著名的是电风扇。而且它们家的一台电风扇曾卖出人民币 2000 多元的价格。

下面赏析下巴慕达的几款产品,它的几款家电产品都令人耳目一新,并斩获不少设计大奖。第一款是吹得出夏天午后徐徐自然风的电风扇(如图 3-43 所示),这台有两层叶片特殊设计的电风扇,不仅可以吹出心旷神怡的自然风,更强调安静,发出来的声音和两只蝴蝶拍动翅膀的声音一样大;而且超省电,一个夏天每天连续使用 8 小时,3 个月的电费只要日币 29 圆!

图 3-43　巴慕达风扇

第二款是可以蒸汽烘烤的小烤箱（如图3-44所示）。

BALMUDA The Toaster这款烤箱颠覆以往烤面包机的技术，号称可以烤出面包店刚出炉时的口感，利用"蒸汽"的原理与完善的温度控制来烤面包，只需要将5CC的水倒入上面的供水口，湿气在加热后会跑得比气体快得多，进而让面包或吐司的表层烘烤，却不让内部过焦。

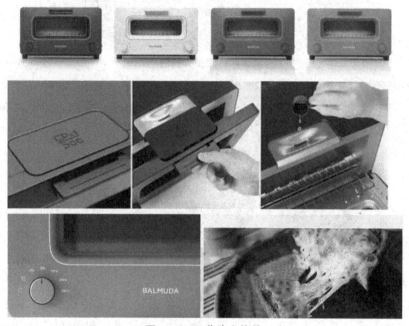

图3-44 巴慕达小烤箱

人性化的三种温度调节设计、各类型面包适合的温度设定，即使是新手也能端出师傅等级的可颂、法国吐司，各个都像是刚出炉一般的香酥品。

第三款是BALMUDA首款电饭锅（如图3-45所示）。

图3-45 巴慕达电饭锅

BALMUDA The Gohan这款的设计概念来自传统煮饭的炊锅，也不难发现BALMU-DA认为水蒸气是能让米饭好吃的秘密之一。最特别之处就是双层内锅设计（如图3-46所示），使用时外锅需要加水，让内锅的白米透过水蒸气，进而蒸出米饭的甜味。但BALMU-DA The Gohan将保温功能舍去，建议是饭煮好后一小时内要享用完。

第四款是BALMUDA空气净化器（如图3-47所示）。

以往的空气净化器无法吸附室内边远处的悬浮物质。为了吸附室内边远处空气，需要强大的循环气流。这款净化器独特的双风扇结构完美实现了这个功能。

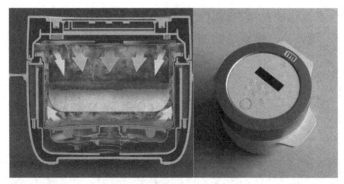

图 3-46　巴慕达电饭煲内部

图 3-47　巴慕达空气净化器

　　它能够驱动室内空气流动,因此不仅病毒大小的微细颗粒物和大气污染物质 PM2.5,即使较大的如花粉大小的颗粒物也能够吸附。

　　(4)日本±0(正负零)

　　熟悉±0 的人都知道,这个当初由日本工业设计大师深泽直人一手创立起的家电品牌,融合了迷人的简约轮廓和贴心的"无意识设计"精神,即使深泽直人后来离开了±0,品牌的宗旨与特质却依旧不变。

　　±0 品牌认为并非所有产品在第一眼被看到时就会令用户觉得惊奇,有些产品是在使用过,才被用户发现产品的内涵,产生"原来是这样"的感受,±0 品牌追求的是一种较深层的意义(如图 3-48 所示)。

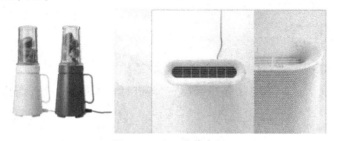

图 3-48　±0 品牌产品

　　如图 3-49 所示为给自己一个相对优雅扫除时光的无线吸尘器。这款产品的线条很简约,配色也维持±0 一贯的低彩度原则,有浅白、苹果绿以及红色三种,可以自然不造作地融入各种类型的居家风格。

　　该无线吸尘器主打"轻量"的使用体验,在基本手持装置下,重量只有 1kg,加上立式长柄也不过才 1.3kg,还有灵巧的吸头转轴,大大减轻使用过程中加诸在手腕上的压力,在长期使用的情况下,特别能感受到这点的好处。

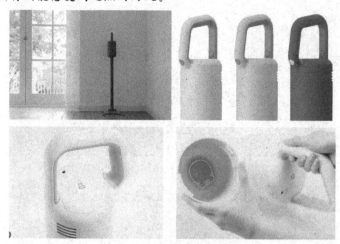

图 3-49　±0 品牌无线吸尘器

另一个好处是,除连接手把处的马达主机外,所有零件都可以拆分开来清洗(如图 3-50所示)。

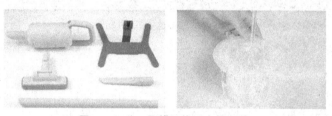

图 3-50　±0 品牌无线吸尘器配件

本节主要赏析了英、美、日三国四个小家电品牌的设计理念与产品,英国 KENWOOD(凯伍德)体现用户体验与交互;美国 Hamilton Beach(汉美驰)注重最佳品质和安全;日本Balmuda(巴慕达)传统与科技完美融合;日本±0(正负零)融合了迷人的简约轮廓和贴心的"无意识设计"精神。目前国内小家电品牌越来越重视用户研究与产品品质,市场上涌现出了好的小家电产品,感兴趣的同学可以去体验下。

家电认知训练

1. 观察身边的家电产品,思考一下其工作原理是什么。

2. 每位同学从英、美、日家电品牌中选择一个,进行资料搜集,整理制作成 PPT,进行分享汇报。

第4章 家电产品的多角度创新思维方法

4.1 技术驱动创新思维

4.1.1 阅读提示

(1)创新的定义与创新发展的阶段

(2)技术驱动的创新模式

4.1.2 什么是创新?

创新是一个高频词也是一个古老的词,从古代的车扇风的发明开始到现代的电风扇,再到智能时代的物联网智能风扇,这是风扇的创新发展过程,从古至今创新就没有停止过(如图 4-1 所示)。

图 4-1 风扇的创新过程

如图 4-2 所示,创新设计的最初阶段为设计 1.0 的农耕时代,这时人们主要依靠自然资源进行生产,大多器物模仿自然,注重实用,以手工制作为主,器物的设计思想是个人比如工匠的主导,制作效果也与工匠技艺密切相关。

设计 2.0 的工业时代依靠机械设备进行生产,这时实行了标准化、大批量的生产,注重效率,设计者经历了学院的培养,注重团队协作,这时的产品属于现代设计。

目前处于设计 3.0 的知识网络时代,这个时代依靠信息网络进行生产,创新运用大数据、多方法、注重低碳节能、协同组合,进行创新设计时需要多学科交叉融合,大范围合作。

文明进化	农耕时代	工业时代	知识网络时代	设计进化
	依靠自然资源进行生产	依靠机械设备进行生产	依靠信息网络进行生产	
	模仿自然、注重实用 手工制作为主 个人主导、受自然条件限制	标准化生产、注重效率 专业学科技法为主 学院培养、团队协作	低碳节能、注重协同组合 大数据、多方法 多学科交叉融合、大范围合作	
	设计1.0	设计2.0	设计3.0	

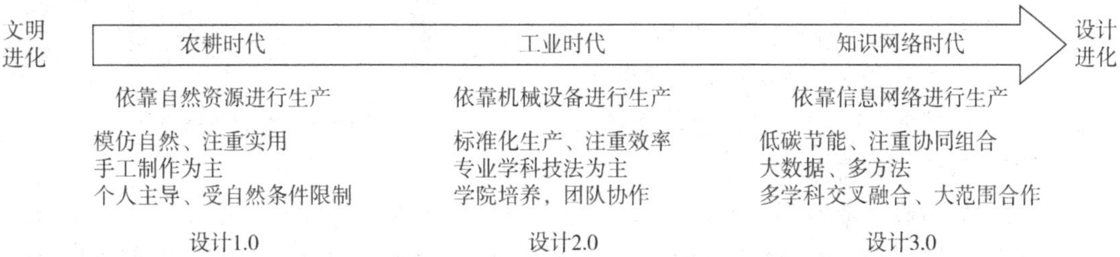

图 4-2 技术创新历程

如果给创新设计一个定义,就是整合科学、艺术、技术、文化、经济、社会等要素,然后进行更新、创造,改变出具有新颖性、创造性、实用性的新产品或新服务的过程。

无论创新设计如何改变,创新设计的最终目标都是帮助社会、国家、世界解决出现的环境问题、社会问题以及人们的物质需求与精神需求(如图 4-3 所示)。

图 4-3　创新的目标

4.1.3　创新设计的案例

第一个创新设计案例是从收纳的角度出发,将地毯进行创新设计(如图 4-4 所示),当玩玩具的时候,把地毯打开,坐在地毯上,玩完之后,地毯又可以作为玩具收纳箱。

图 4-4　地毯创新设计

第二个创新设计案例是针对行李箱进行创新设计(如图 4-5 所示),由于一些人出差带的衣服容易褶皱,所以给行李箱的把手加入熨烫功能,这样即使在出差期间,也可以每天穿熨烫平整的衣服。

第三个创新设计案例是一个智能药盒(如图 4-6 所示),将药放入不同的小格子里,智能药盒加入提醒功能,用色彩进行提醒,这样用户每天都可以看到自己要吃的药。

图 4-5　行李箱创新设计

第四个创新设计案例是一个雨伞(如图 4-7 所示),依据人们在使用雨伞时有挂东西的需求,在雨伞的把柄处进行改造,做了一个弯折处理,这样就可以挂一些随身携带的包包或物品了。

图 4-6　智能药盒 　　　　　　　　　图 4-7　雨伞再设计

4.1.4　技术驱动创新模式

（1）电炉丝的技术驱动创新

电炉丝是典型的运用技术为商业找到了一条出路的案例。在可以加热的电炉丝被发明出来后，设计师将电炉丝放进炉子里，上面放一个锅，就成了一个可以烧水煮饭的器具；但是电炉使用时容易烫伤，于是设计师又把电炉与锅整合在一起，就变成了电饭煲的雏形，进入智能时代，设计师把智能提醒、语音控制技术融入电饭煲，就变成了智能电饭煲；又有设计师开始开拓周边产品，发明出了水暖毯，这个产品与原来的电热毯原理类似，但是使用起来不会干燥，让人更加舒适（如图 4-8 所示）。

运用技术为商业找到一条出路

元器件　　　　　应用　　　　　整合　　　　改进优化　　　　再创新应用

图 4-8　电炉丝的技术驱动创新模式

（2）胶合板技术驱动创新

1979 年申请了胶合板的专利，胶合板与实木板相比不易变形，而且容易造型；1850 年发明了旋切机，可以更加有机地针对胶合板进行造型切割，让家具的造型更加丰富；1934 年发明了防水胶水，让胶合板使用时间更长（如图 4-9 所示）。

1979年申请胶合板专利　　　　1850年发明旋切机　　　　1934年发明防水胶水

图 4-9　胶合板技术的发明

由于胶合板的发明出现了世界史上的著名产品——蚁椅,这是由丹麦著名设计师雅各布森设计的,这把椅子的出名还是因为成了一个模特的广告拍摄的道具,日本柳宗理设计的蝴蝶椅也是运用胶合板设计的著名家具产品(如图 4-10 所示)。

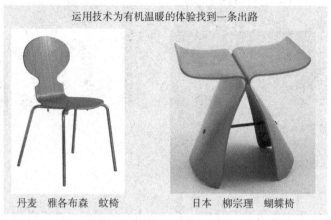

运用技术为有机温暖的体验找到一条出路

丹麦　雅各布森　蚁椅　　　　日本　柳宗理　蝴蝶椅

图 4-10　胶合板技术的应用

（3）智能技术驱动

智能时代发明了虚拟现实技术。虚拟现实中,人能够进入另一个世界,体验完全不同的现实。目前流行的元宇宙概念就是运用虚拟现实技术,用户不再是通过屏幕来互动,而是真正地进入这个虚拟的空间,在这个空间里生活和互动。图 4-11 是一些虚拟现实控制器的产品发展。

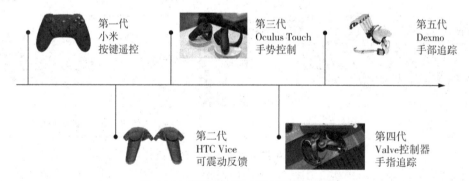

第一代
小米
按键遥控

第三代
Oculus Touch
手势控制

第五代
Dexmo
手部追踪

第二代
HTC Vice
可震动反馈

第四代
Valve控制器
手指追踪

图 4-11　虚拟现实技术的游戏控制器

第一代产品是小米的虚拟现实游戏控制器。这款游戏手柄在技术上应用机械按键进行控制。在外观上是方便玩家双手握持的曲面手柄,在中心位置是凸显的操控按键,调节按钮与开关。

第二代产品是 HTC Vive 的虚拟现实控制器。在技术上运用触摸控制,并且增加了触感交互。在外观上设计了两手分立的可震动反馈的手柄,形状类似魔杖,提高玩家操作的自由度,增强了玩家的体验。

第三代产品是 Oculus Touch 的虚拟现实控制器。在技术上运用自然的手势进行控制,在外观上是类似手指握紧 Touch 时握拳的形状,这样的形状轮廓能够将手柄牢固地固定在手掌上,引导食指覆盖扳机那样。这种抓取的手势提供了 VR 迫切需要的东西:有一个专门用于拾取东西的按钮。

第四代产品是 Valve 的控制器。在技术上,这款控制器提供了更好的手指追踪功能,在外观上,这款产品在佩戴时有些类似"指虎",手背上是条形的感应装置,手心的控制主体则通过腕带连接在一起。得益于这样的结构,使用者无须保持握紧的状态,设备在张开手掌的情况下也不会掉落。

第五代产品是"Dexmo"手套。在技术上,这是企业开发的的一款有望变革虚拟现实手部追踪与交互方式的新产品。在外观上,"Dexmo"是一款模拟你的双手的机械外骨骼形状。"Dexmo"经过迭代,产品凸显科技感与未来感。有了"Dexmo",你可以接触数字世界。它将你的双手带入虚拟现实和增强现实,只要戴上这副手套,你就可以绘画、敲打虚拟键盘,甚至像蜘蛛侠一样射出蜘蛛丝。它能够捕捉你的手部运动,以及提供即时的力反馈。

了解了几项技术驱动下产生的创新产品,需要我们深思的是,机器是为人服务而存在的,科技的运用给人们带来了超乎想象的体验方式,通过设计师的设计可以让人几乎察觉不到机器的存在,设计师将它设计成一个智慧、温暖的生命体,为工作与家庭氛围注入温暖、智慧、安全及高效。

4.2 人性化技术创新思维

4.2.1 阅读提示

(1)人性化的创新方法
(2)人性化的创新方向

4.2.2 人性化创新案例

首先让我们思考下是什么引发了设计团队对医疗环境的改变?

图 4-12 是飞利浦设计的一个医疗产品,飞利浦医疗系统是世界顶级的三大医疗设备公司之一,也是医疗诊断成像和病情监控系统市场中的佼佼者。

在一次设计医疗系统的过程中,设计团队发现儿童或者心理压抑的人群很抗拒脑部核磁共振检查,原因就在于检查时仪器所产生的尖锐鸣叫和头上佩戴很紧的固定装置会让被检查者产生不安、焦虑、恐惧等很情绪,为了缓解这种情况,设计团队通过设计游戏情景、播放音乐等方式,为儿童打造了一个轻松愉快的就医环境,让整个检查过程在不知不觉中就完成了。

图 4-12 飞利浦医疗产品设计

通过飞利浦设计案例可以发现正是出于对患者的关怀，进而对机器进行了人性化设计，让医疗环境得以改善。

4.2.3　设计大师的人性化设计观点

第一位是唐纳德·诺曼，他的设计心理学在设计界非常有名，他提出设计要富有情感，产品要体现出可视性与易用性，他的设计案例如图 4-13 所示，运用磁吸的原理让钥匙更轻易地被取放，使用者一眼就知道产品的使用方式。

图 4-13　唐纳德·诺曼的设计

第二位是菲利普·斯塔克，他从人性的角度提出产品也有性别之分与生态之分，比如女性的产品应该是曲线的、弧度的、优美的，男性的产品是刚毅的，图 4-14 就是他的著名作品榨汁器。

图 4-14　菲利普·斯塔克的设计

第三位是乔布斯，他是以商业产品而出名，但他认为产品应该融入人的感性认识，因此他公司的产品都融科技与美学于一体，他的设计理念让苹果风行，成为一时的霸主，引领了一个时代的设计风格。

这三位大师的共同之处是具有以人为中心的世界观，都体现出了关爱的设计态度，都是从人性化的角度进行创新改变。人性化的设计观指出，人是创新设计的起点，直接决定了设计的价值。人是获取用户需求，打造令用户满意的产品功能的主要要素，包含了"人—机—环境"的需求。

4.2.4　人性化创新的方向

（1）从人机工程的创新入手

人机工程学的关注焦点是系统中的人与物的关系。人机工程学的目标是最大化人的效能和人性价值。从人机角度出发,更好地满足用户健康、舒适的生活追求。图 4-15 就是从人机工程的角度出发,一把可轻松转换为坐站姿势、悬臂式旋转、背部可以 180 度翻转的人体工学椅。除了无缝高度调节外,气动弹簧还具有止动功能,当用户站立时,该椅子轴中的气动弹簧将椅子牢固地固定在地板上,用户可以靠在椅背,减轻站姿压力,达到更加舒适地生活的目的。

图 4-15　坐站一体的人机工学椅

(2)从人机交互的角度进行创新

图 4-16 是天猫的无人超市,让人有刷脸进店、无感支付的体验,开启了智能时代的新超市模式。

图 4-16　天猫无人超市

(3)人机融合的创新设计

人机融合的创新设计主要表现为能够自主学习的智能产品,这类产品不仅可以检测、收集数据,还具有自我学习功能。

如图 4-17 所示,该设备根据宝宝的年龄监测宝宝的所有生命体征和环境的重要因素(心率、心房和心律失常问题、血氧、身体和环境温度、光线、声音和湿度、睡眠量,并且能够记录数据,进行自我学习,并提醒宝宝服用药物的时间和剂量,在设备和应用程序上发布声音和灯光警报),并在出现异常情况时提醒父母。

图 4-17　智能检测产品

（4）人与环境融合的创新设计

首先了解一个心理学案例，有一个心理学家做了一个测验，让一个美女在一座吊桥与一座石桥上，向陌生男士给出自己的联系方式，然后统计陌生男士打来电话的数量，大家来猜一猜是吊桥上回电的男士多，还是石桥上回电的男士多？

最后的答案是吊桥，为什么呢？因为吊桥的情境比较危险（如图 4-18 所示），当吊桥晃动的时候，人们的心跳也会跟着跳动，这时候遇到美女，并给了电话希望以后联系，往往会让人产生错觉，以为这是心动，所以回访的电话会多。这也很好地解释了为什么恋爱时要去电影院（如图 4-19 所示）或者有氛围感的游乐场，在特定的情境渲染下让人更容易产生心动的感觉。因此基于使用场景的设计是目前设计的一个主流方法。

图 4-18　吊桥实验

图 4-19　电影院场景环境

小结：

图 4-20 中,人的需求分为初级、中级与高级,针对不同的需求会创造出不同的实物与服务。如互联网领域的服务设计,针对生理需求有购物、外卖;针对安全需求有理财、丁香医生;针对归属和爱的需求有社交类、微信;针对尊重需求有游戏排名、打赏、点赞,这些属于低层次需求。针对认知需求有各种内容的付费产品,如有道;审美需求有一些音乐类、视频类服务;针对自我实现需求有一些写作类产品,这些属于高层次的需求。因此我们产品设计创新同样需要围绕人的这些需求展开。

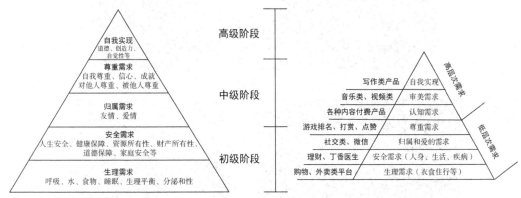

图 4-20 马斯洛的需求层次图

4.3 寻求设计本源思维

4.3.1 阅读提示

(1)寻求设计本源的理论
(2)无叶风扇的设计案例
(3)寻求设计本源的设计过程

4.3.2 什么是设计思维?

设计思维是一种从设计中脱离出来的创造过程。设计思维让多学科协作成为可能,特别是在面对很棘手的社会问题的时候,它把专业人士从只有一个旧的视角的"专业思维陷阱"中解放出来,将人们放到一个由设计思维引导的旨在为人创造价值的共同的视角下。

下面我们看一个小案例:想象当你在冬夜,迷失在严寒的户外,你的口袋里只有水、干粮和火柴,为了不让自己挨冻,你会怎么办(如图 4-21 所示)?

一般来说,拥有固定思维的人会寻找火,然后采取为了取得火而进行的相关动作[如图 4-22(左)所示]。拥有设计思维的人会思考不让自己挨冻的本质就是获得温暖,然后采取为了取得温暖而进行的相关行为[如图 4-22(右)所示]。

我们来想一想获得温暖的行为有哪些?比如运动,跑一跑、跳一跳自身会产生热量,寻找避难所,躲在屋子里,还有生火,当然如果人多的话,可以选择挨在一起取暖。

图 4-21　严寒的户外

图 4-22　固定思维与设计思维的对比

　　因此拥有设计思维者可以逃脱固定思维,获得崭新结果,能够使解决问题的过程富有灵感和探索性,而且能够发现新的方式去解决问题。对于工业设计师而言就是要运用设计思维重新定义产品策略,挖掘机会,规避风险,创造更大价值的想象力。

　　寻求本源是产品设计中常用的一种设计思维。它要求我们要透过表象,一层一层地剖开表象,把产品深层次的设计需求点找到,再进行创新设计。

4.3.3　寻求设计本源案例——电风扇的发展演变

　　如图 4-23 所示,第一个是美国 GE 公司生产的电风扇。GE 是由 1878 年成立的爱迪生电灯公司和汤姆森·休斯顿电气公司于 1892 年合并而成的通用电气公司。

图 4-23　电风扇的发展演变

第二个是德国 AEG 电气公司的电风扇。AEG 是世界上首次聘用工业设计师彼得·贝伦斯来（如图 4-24 所示）发展产品设计的电器公司，彼得·贝伦斯为 AEG 带来了简单而有力量的设计哲学——"优秀的设计不仅是让事物美观，更要易于使用"的大师哲学。

将两家公司的电风扇做比较可以发现，从第一个电风扇到第二个电风扇的设计思维是寻找问题点，第一个电风扇在使用中存在的主要问题是：扇叶快速地转动，容易划伤手指，特别容易误伤好奇心强的儿童，因此从人机的安全角度考虑，进行了再设计，第二个电风扇的扇罩会让人们使用时更安全。

第三个是近代的创新产品——无叶风扇。如图 4-25 所示，它的设计思维就是寻求设计本源，风扇的最本质作用是吹风，吹风一定需要扇叶吗？答案是不一定，只要能形成定向风场就可以。

图 4-24　彼得·贝伦斯

无叶风扇的发明者英国人詹姆士·戴森（James Dyson）抛弃了传统电风扇的叶片部件，创新了电风扇的革型，这款新发明比普遍电风扇降低了三分之一的能耗，让空气从一个 1.0 毫米宽、绕着圆环放大器转动的切口里吹出来（如图 4-26 所示）。由于空气是被强制从这一圆圈里吹出来的，通过的空气量可增至原先的 15 倍，它的时速可达到 35 公里，而且空气流动比普通风扇产生的风更平稳，使电风扇变得更安全、更节能、更环保。

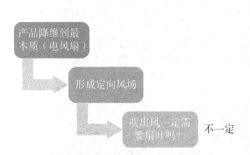

图 4-25　无叶风扇的设计思维

图 4-26　戴森的无叶风扇

4.3.4　温控器行业的创新案例——Nest 智能温控器设计

早期的温控器主要是由霍尼韦尔公司设计的，如图 4-27 所示，温控器产品具有复杂的指针、标线以及多个数字，每天需要用户手动进行设置，表盘读取也十分复杂。

图 4-27　温控器的设计发展

温控器的设计本质是什么？如图 4-28 所示，温控器的设计本源是为人们提供适宜的温度。适宜的温度一定需要人手动控制吗？不一定！互联网时代的到来，人工智能技术的发展，创新了 Nest 智能温控器，一款不需要人操控的温控器，一款会智能学习的温控器。

如图 4-29 所示，下午两点，孩子在家，Nest 会调节出一个适宜的在家温度。

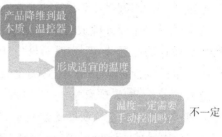

图 4-28　温控器设计本质

图 4-29　Nest 温控器智能设计

晚上十点,你在睡觉的时候把温度调低了,Nest会记忆并建立你的习惯记录,在这个时间段,自动调节为睡觉模式。

早上七点,它会在你起床后帮你把房子热起来,在你吃早餐的时间调整为你喜欢的温度。

早上八点半,Nest知道你要去上班了。Nest可以使用传感器和手机的位置来检查你是否已经离开,然后设置为离开模式,以节省能源。

下午四点半,无论你在哪里,Nest都在你手里,从幼儿园接到孩子,正准备回家。你可以用你的手机调节温度,回家后室内温度会更舒适。

Nest智能温控器是一款数百万美国家庭都在使用的智能温控器,也是谷歌公司最新的智能家居产品。

通过记录业主10余天的使用习惯和在家中的生活规律,学习用户的温度调节习惯,通过云计算和大数据,智能调整家中舒适系统的工作,不仅能够有效节能,更可以带来人工智能的恒温体验。相信未来随着我国智能家居的发展,越来越多的家庭会使用这款人工智能。

小结:

通过电风扇的设计与温控器的设计两个创新案例明确了寻求设计本源就是要找到产品存在的最本质的需求,围绕最本质的需求进行创新,方能跳出原有的固定思维。

当年苹果公司发布iPhone的时候,震惊了全世界,让大家恍然大悟,原来手机还可以是这样子的。如今家电产品行业中戴尔重新发明了温控器,戴森发明了无叶风扇。设计思维对创新者很重要。你不是设计师,但你可以做设计思维者。

4.4 同理心创新设计思维

4.4.1 阅读提示

(1)同理心的重要性
(2)同理心设计的定义与应用
(3)同理心家电设计案例

4.4.2 同理心的重要性

在IBM的多个设计思维方法中,其中一项就是同理心图,同理心图在企业产品创新或服务创新中的应用非常普遍。

下面用一分钟的时间,我们来测一测你的同理心,大家来看图4-30的几张图片,看完之后你有什么感受?

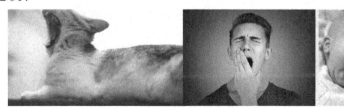

图4-30　同理心测试

有多少同学产生了同样的感受——非常困,想打哈欠。如果你在一分钟内就产生了这种感受,说明你说的同理心还不错。

首先了解同理心与同情心之间的区别。同理心激发连接,同情心造成疏离。同理心要做到换位思考,感受他人的情绪,不评判他人,一般回答是以至少为开头。

同理心(Empathy),亦译为"设身处地理解""感情移入""神入""共感""共情"。泛指心理换位、将心比心。亦即设身处地地对他人的情绪和情感的认知性的觉知、把握与理解。主要体现在情绪自控、换位思考、倾听能力以及表达尊重等与情商相关的方面,是情商的重要组成部分。

如图 4-31 所示,在同理心中我们看到情绪的连接是第一位的,有个词语叫作动之以情,晓之以理,从这个词语可以看出,当出现矛盾时,首先要解决的是情绪问题,当情绪平稳下来之后,再考虑讲道理。这在我们的生活中是非常适用的,比如夫妻吵架、同学之间闹矛盾,第一步不是与对方讲道理,而且关心双方的情绪。

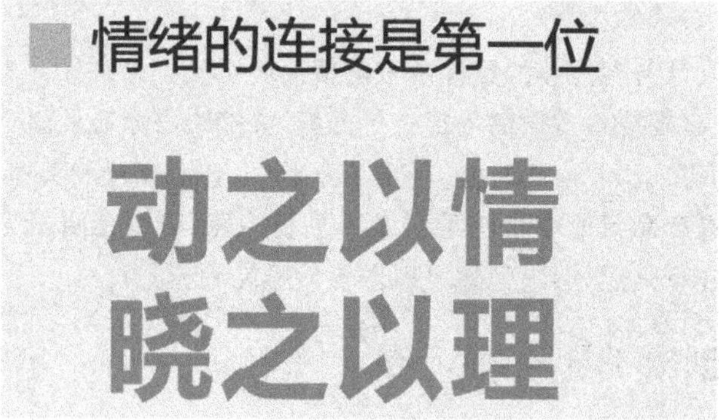

■ 情绪的连接是第一位

动之以情
晓之以理

图 4-31　同理心的核心

4.4.3　同理心情景案例

情景:某顾客想买到非常急需的零配件,但目前这个配件已经缺货。

第一个情景:顾客说:"我想今天得到那个小配件。"客服说:"对不起,星期二我们就会有这些小配件。"客户说:"我很急,我今天就需要它。"客服说:"对不起,我们的库存里已经没货了。"客户说:"我今天就要它。"客服说:"我很愿意在星期二为你找一个。"

第二个情景:顾客说:"我想今天得到那个小配件。"客服说:"对不起,星期二我们就会有这些小配件,你觉得星期二来得及吗?"客户说:"星期二太迟了,那台设备得停工几天。"客服说:"真对不起,我们的库存里已经没货了。但我可以打电话问一下其他的维修处,麻烦你等一下好吗?"客户说:"嗯,没问题。"客服说:"真不好意思,别的地方也没有了,我去申请一下,安排一个工程师跟你去检查一下那台设备,看看有没有别的解决方法,你认为好吗?"客户说:"也好,麻烦了。"

从以上两个情景的对话中我们发现情景二与情景一相比,客服增加了安抚客户的情绪的话与一些小努力,让客户的情绪得到舒缓。

4.4.4 同理心设计应用——同理心地图法

同理心地图是对"用户是谁"的一种可共享的可视化,运用同理心地图可以帮助设计师了解你的用户。如图 4-32 所示,同理心地图左边是观察所得,右边是推断所得,这个地图分为四个象限。

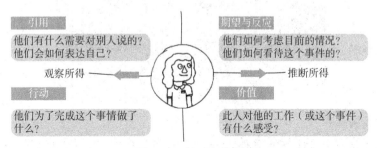

图 4-32　同理心地图

第一个象限是用户说的什么,他们有什么需要对别人说的、他们会如何表达自己。第二象限是用户做了什么,我们可以观察他们为了完成这个事情做了什么。第三个象限是用户的想法,他们如何考虑目前的情况,他们是如何看待这个事情。第四个象限是用户的感受,用户对这个事情或事物有什么感受。

应用案例:

如图 4-33 所示,这是儿童去医院做 CT 的体验的情景,儿童说:"爸爸、妈妈,我不要进去。"儿童做了哪些事情?有哭泣、乱动还有紧张。儿童真实的想法是:"爸爸妈妈要把我送到哪里?他们是不是不要我了?"在第四个象限反映出儿童的真实感受是"黑乎乎的好害怕,想爸爸妈妈了"。

从这张同理心图,可以发现用户的痛点就是:孩子对于机器不理解,对黑暗的害怕和与父母的隔离造成负面情绪,通过分析,设计师找到让孩子开心地来检查,成功达成测试的目的。

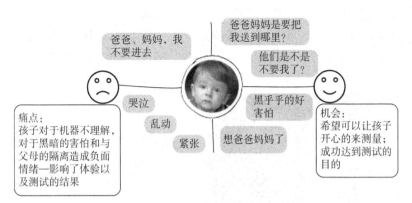

图 4-33　同理心图示例

经过对同理心地图的分析,儿童 CT 机被设计成了一个童话故事场景,CT 机变成了潜水艇,病房变成了海底世界,来的小朋友不再哭闹,而是开开心心地完成了检查(如图 4-34 所示)。

图 4-34　儿童 CT 机创新设计

同理心设计实践：

　　针对睡前或旅途中有阅读需求的人实践下同理心地图，人们在旅途中与临睡前，会说"睡前看会儿书，催眠下，充下电"，他们的行动是打开灯，发现光线太亮，就又关上，产生的想法是"这样应该会影响他人吧"，而此时的感受是"旅途好无聊，终于到了安静的时刻，却也没机会阅读充电"（如图 4-35 所示）。

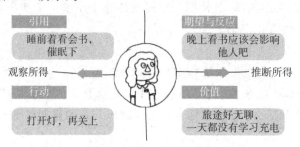

图 4-35　同理心地图分析

　　通过同理心地图的分析，发现的痛点是：在忙碌的日常生活中抽空读书是件乐事，然而阅读的条件往往不尽人意，尤其在旅途中或临睡前时常难以找到合适的照明光源。而通过分析得到的机会点是可以设计一款只照亮书本的照明器具。

　　飞利浦阅读灯（如图 4-36 所示）就是依据此痛点而设计的，运用简约的外形和高科技的材料技术解决人们的阅读照明需求，让人们能够随时随地享受阅读的乐趣，同时又不影响周围的人。

图 4-36　飞利浦阅读灯设计

4.5　设计定位创新思维

4.5.1　阅读提示

(1)什么是设计定位
(2)设计定位的创新方向
(3)设计定位的案例

4.5.2　什么是设计定位？

设计定位是对新产品的风格、品牌、人群、功能、市场等准确的定义(如图 4-37 所示)，设计师需要围绕准确的设计定位进行设计，设计定位指出了设计的方向，方向一旦错了，后面大量的工作将是白费的。

图 4-37　集成灶设计

4.5.3　定义品牌新形象

定义品牌新形象是从造型的角度出发，改变行业产品传统的特征，重新设计造型语言，体现出品牌产品的新形象。

如图 4-38(左)所示，这是 2010 年集成灶市场上集成灶传统的产品形象，主要是燃气灶部分与消毒柜进行了简单几何体的堆加。

如图图 4-38(右)及 4-39 所示是获得 IF 奖的新的集成灶的产品形象。经过重新定义集成灶的形象，将传统的形象改变为美妙的帆船弧线设计。弧线让产品吸烟效果更好，并且有20 度的角度可以调节。

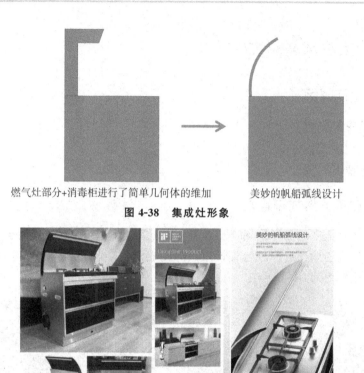

燃气灶部分+消毒柜进行了简单几何体的维加   美妙的帆船弧线设计

图 4-38   集成灶形象

图 4-39   集成灶新形象

4.5.4   重新定义人群

2011 年 8 月 16 日小米手机发布会上,雷军穿着黑色 T 恤和蓝色牛仔裤站在台上,如乔布斯在苹果 iPhone 发布会上的感觉一样,发布会结束后雷军也获得了"雷布斯"的称号,对此称号雷军也几乎默认了。

乔布斯创造了 IT 行业唯一的时尚品牌。苹果的用户群的标签是"时尚",乔布斯深知美学的重要性。

1998 年,乔布斯意识到苹果产品看上去已经过时,乔布斯召开了苹果产品的一个会议,并提出了这样的问题——苹果产品的问题就是出在没有美学因素,此后苹果手机引领了手机行业的新美学,开创了新时代(如图 4-40 所示)。

图 4-40   苹果产品

而小米之于中国,如同苹果之于世界,小米用户群的标签是"务实",小米对产品基础功能的保证尤为重要,也正因此,小米体系的产品里,满足"广普刚需"的因素占比为80%,剩下的性价比、智能、外观、人性化等因素可能只占20%。这样的产品,我们可以称之为"好"产品。图4-41是米家的家电产品,极简的设计、性价比极高的价格,也正是"广普刚需"的基础,让小米用户能够保持持久、快速增长。

小米净水器 米家扫地机器人 新风机

图 4-41 小米产品

4.5.5 定义新的生活方式

网络的发展,改变了人们的生活方式。微信是个改变生活方式的例子,人们挨着坐在一起,还会用微信聊两句。每天不打开微信,就感觉不完整,生活的方方面面都要用到微信;网络购物改变了商场购物的习惯;视频会议改变了面对面开会的时间和空间的限制;支付宝改变了付现金的传统习惯。

如果一个新产品的使用可以改变人们的生活方式,提高人们的生活与工作效率,这将是一个创新的产品。如扫地机器人(如图4-42所示)这个产品,改变了人们传统的亲自清扫的习惯,基于互联网背景开发的米家扫地机器人,更实现了远程控制,可随时随地指定任何清洁区进行清扫。

图 4-42 扫地机器人

4.5.6 定位产品核心价值与差异化

市场上的产品琳琅满目,同质化现象严重,特别是传统家电产品市场是非常成熟的,家电产品如果自身没有亮点、没有自己的核心价值,后期产品在市场上的竞争将处于劣势,因此定义产品的核心价值就是将企业提供的产品或服务差异化,树立起企业在全行业范围内独特性的东西。

如图 4-43 所示以厨电的油烟机为例,同样是油烟机,但有些品牌会定位产品的核心价值是大吸力,在产品造型设计的时候,就可以通过倒三角的形式传达大吸力的感觉。

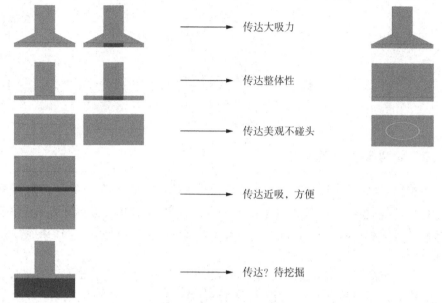

图 4-43　集成灶的核心价值

请问第二个产品特征传达的产品的核心价值上的定位是什么? 它是要宣传产品的整体性;第三个产品传达的是从人机角度宣传安全不碰头的细节;第四个产品传达的是近吸,吸得更彻底、更方便的概念;未来作为一名家电设计师油烟机的核心价值还有待于进一步的挖掘。

4.6　组合创新设计思维

4.6.1　阅读提示

(1)组合创新方法
(2)组合创新方向
(3)组合创新产品案例

4.6.2　什么是组合创新?

创造性组合思维能够把各种事物进行重新组合,从而催生新物,产生新意。

大家思考下,组合创意法的一些实际的生活应用案例有哪些?

如图 4-44 所示,七巧板、组合玩具、瑞士军刀都是组合创新的典型案例,大家可以发现在现实中有很多组合设计发明,他们开发了各种多功能的新产品来满足生活的需求。

图 4-44　组合创意法应用

　　组合设计古已有之，于距今八千年的新石器时代，人们出于对大自然的崇拜与五谷丰登的美好愿望，在心中构造了一种拥有马头、鹿角、蛇身、鹰爪、鱼尾等特征的神兽，并赋予它翻云赋雨、兴风作浪的神力，这就是中国的龙（如图 4-45 所示）。龙经过历代人民的不断美化和神化，终于演化成中华民族独特的徽记。

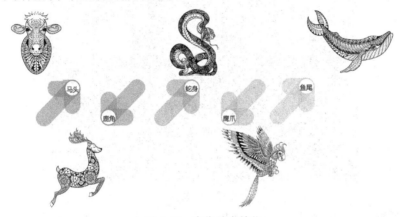

图 4-45　古代组合神物

4.6.3　组合的形式

　　组合形式可以分为功能组合、形态组合、色彩组合、情境组合、技术组合等类别。我们来看下具体案例。

　　如图 4-46 所示，有一台 CD 机、有一个灯泡，这种灯泡我们小时候可能见过，只要一拉就可以亮，它们组合出 MUJI 的 CD 机，这是功能组合。

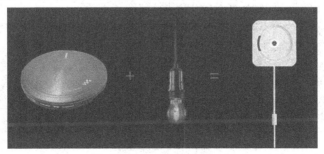

图 4-46　功能组合

如图 4-47 所示,把灯泡放一旁,组合这种形态的回形针,就组合出了回形针状的灯。这是运用形态组合。

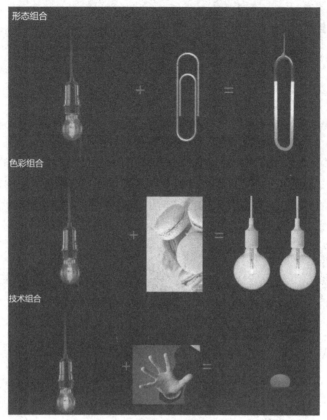

图 4-47　组合类别

把回形针放一旁,组合 iPod,就组合出了 IPODshuffle。这是运用回形针的夹的功能组合。

再把灯泡放一旁,组合马卡龙色,就组合出了马卡龙色的灯具。这是运用色彩组合。

最后把灯泡放一旁,加上触摸技术,就组合出一款交互具。这是运用技术组合。

我们不仅可以将两组事物进行组合,还可以将多种事物进行组合,比如将包豪斯的建筑、水泥混凝土,教堂、阳光进行组合就变成了安藤忠雄的光之教堂,在这里我们可以把质朴的水泥混凝土换成木材,这个设计将比较温暖,将自然的阳光换成人造光源,这个设计将比较冷酷,这都是不错的设计,只是好的方向不同(如图 4-48 所示)。

图 4-48　情境组合

4.6.4　组合的实践

　　如图 4-49 所示,请同学任选 2～3 种物品进行组合设计,设计时大家会发现有时在组合设计时会觉得某些搭配看起来不合理,其实,在这些不合理中却融进了创造性的想象,在新异中开辟出一片创造思维的新天地。大家就大胆地开始创意吧。

袋子	铲子	塑料膜
纸片	杯子	漏斗

图 4-49　挑选小物品

展示下各组同学的实践成果:

■ 杯子＋铲子变成了可以铲的杯子(如图 4-50 所示)。

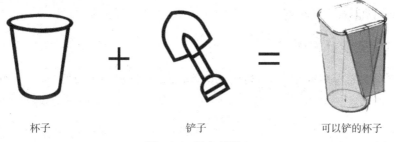

　　杯子　　　　　　　铲子　　　　　　可以铲的杯子

图 4-50　组合创意 1

■ 漏斗＋袋子＋铲子变成了先铲再收的袋子(如图 4-51 所示)。

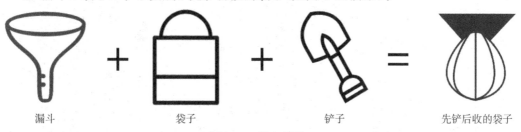

　漏斗　　　　　　袋子　　　　　　铲子　　　　先铲后收的袋子

图 4-51　组合创意 2

■ 纸片＋切割＋塑料膜变成了可以夹起并收纳的器具(如图 4-52 所示)。

图 4-52　组合创意 3

■ 两片纸板组合成变成了一个夹具(如图 4-53 所示)。

图 4-53　组合创意 4

巧妙组合,在生活中多加发掘、训练,必定会有意想不到的收获,一个个创意的设计、一件件新异产品也许就随之诞生。

4.7　风险创新设计思维

4.7.1　阅读提示

(1)认知风险创新的方法
(2)掌握风险创新的方向
(3)赏析风险创新产品案例

4.7.2　创新设计方法

创新的最终目标是转化成商品,转换成金钱,而这个过程是未知的,是多元的(如图 4-54 所示)。

图 4-54　创新的目标

设计师通常把设计过程分为 4 个阶段:第一个阶段是发现,发现大量的问题;第二阶段是定义,针对问题,进行设计方向的确定,第一到第二阶段是一个由发散到收敛的过程;第三个阶段是发展想法,这里需要大量地想各种解决问题的方法;第四个阶段是实现,将解决方法用实物等形式实现出来(如图 4-55 所示)。

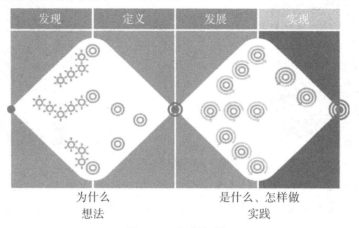

图 4-55　设计的过程

第一到第二阶段解决的是为什么设计的问题,也就是为什么要去创新这个事物的问题,这是哲理层面的;第三到第四阶段解决的是做什么和怎么做的问题,这是可行性方面的考虑。

4.7.3　风险创新设计案例

第一个案例是螺旋桨飞机的创新发展(如图 4-56 所示),第一张图是原有的形态,第二张图是将前部的螺旋桨去掉后的形态。

图 4-56　飞机的变化

第二个案例是交通工具发展(如图 4-57 所示),第一张图是马车刚发明出来的形态是马拉车,第二张我们看到由于动力源的发明,出现了柴油车、汽油车,替代了传统的马车。

图 4-57　车的发展

第三个案例是手机的发展(如图 4-58 所示),手机由原来的键盘式按键,变成了没有实体按键,整体以大屏的形式展现。

图 4-58　手机的发展

　　一般来说我们常用的创新设计类型是做加法，加法的目的是增强性能或者多种功能组合，而我们以上的案例都是在做减法，去掉无用的部件或功能，达到简化功能的目的（如图 4-59 所示）。

增强性能
组合功能

去掉无用的
简化功能

图 4-59　创新的类别

　　其实真正的创新是做减法，如果你把一个产品最重要的部分去掉，把项目放在危机中，这就是风险创新设计的核心（如图 4-60 所示）。

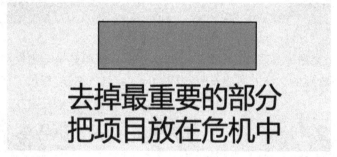

去掉最重要的部分
把项目放在危机中

图 4-60　风险创新的核心

　　风险创新设计并不是简单地回答别人（客户）的问题（需求），而是直面核心。不要让设计师去设计桥，让他们去设计通过河的方式，科技让人变得没用，智能让人变笨，风险创新是让你离开你觉得舒适的环境，如果你没有找到解决方案，不意味着你失败，仅意味着你排除了很多无效方案。

4.8 萃智理论创新应用思维

4.8.1 学习目标

(1)认知 TRIZ 创新理论
(2)掌握不同创新方法之间的区别
(3)TRIZ 解决问题的思路

4.8.2 传统创新方法与 TRIZ 的比较

首先测试一下,在图 4-61 中如何找到灰姑娘？一个个地排除吗？举手示意吗？最有效的方法是关上灯。

图 4-61　灰姑娘测试

在上面的测试中,一个个地排除就是传统的试错法,比如爱迪生发明灯泡(如图 4-62 所示),用的就是这种方法,1878 年爱迪生决定制造出物美价廉的电灯。为了研制电灯,爱迪生在实验室里常常一天工作十几个小时,有时连续几天试验,发明炭丝作灯丝后,他又接连试验了 6000 多种植物纤维,最后又选用竹丝,通过高温密闭炉烧焦,再加工,得到炭化竹丝,装到灯泡里,再次提高了灯泡的真空度,电灯竟可连续点亮 1200 个小时。还有我们经常说的一句话摸着石头过河,也是运用的试错法。从以上两个案例可以看出,试错法需要一个个地试,只要成功就可以了,不去探讨为什么某种解法会成功,非常浪费时间,而且会让我们只知其表不知其里。同时由于不试着去找出可以被广泛应用、去解决其他问题的方法,造成了只知其一,不只其

图 4-62　爱迪生发明灯泡

二的问题。

头脑风暴的案例：马路的对面有虫子，小鸡需要过马路才可以吃到虫子，但是马路上的车太多了，有什么办法呢（如图 4-63 所示）？有人说架一座天桥，有人说装个红绿灯，有人说跳过去，有人说发射炮弹过去，这就是典型的头脑风暴。头脑风暴法在实施的时候对参加者条件要求较高，比如参加的人数、知识层次、专业水平等，里面容易有滥竽充数的人，而且对组织者要求高，比如组织者的判断力、协调力和决策力，如果掌控

图 4-63　虫子过马路

力不行会经常跑题、不知所云。如果运用 TRIZ 的方法解决小鸡过马路的问题，会挑选出优秀的小鸡，优秀的会飞的小鸡过去把虫子叼回来，让虫子在马路这边繁殖。

逆向思维：首先回忆一个案例——司马光砸缸（如图 4-64 所示），一个小朋友掉到了缸里，其他小朋友无法把小朋友拉出来，司马光把缸砸破，救了小朋友。可能有人要问，逆向思维不是应该把小朋友按进去吗？其实逆向思维是有点难度的，它要求在事物的本质上逆向，而不是简单的表面现象的逆向，所以有一句话"假相的假相，不是真相"，这件事情的本质是什

图 4-64　司马光砸缸

么？是让落水的小朋友离开水，所以压人入水没有解决问题。

将上面的几种方法做个比较，传统"试错法"搜索问题解决办法，造成人力、物力的巨大浪费；头脑风暴法主要取决于经验与灵感；逆向思维有难度，需要找到事物的本质。今天我们要学习的 TRIZ 理论的核心是建立了基于消除矛盾的逻辑方法，它有一条特定的解题道路。

TRIZ 理论是其拉丁文单词首字母缩写，由苏联发明家根里奇·阿奇舒勒（Genrich S. Altshuler）及其团队经过 50 多年对 250 万份发明专利进行分析，而且是分析大量好的专利，提炼出问题的解决模式，比如 39×39 的矛盾矩阵、40 个创新原理、技术系统进化法则等，学习这些模式，创造性地解决问题。

4.8.3　TRIZ 技术的纵向发展

首先来看一个连接结构的案例（如图 4-65 所示），由最初的刚体连接到可动连接、弹性体连接，发展到粉末连接、液体连接、气体连接，以及最新的场连接。

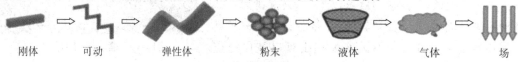

刚体　　　　可动　　　　弹性体　　　　粉末　　　　液体　　　　气体　　　　场

图 4-65　连接结构发展

什么是场连接？看一下具体的产品案例就明白了，比如键盘（如图 4-66 所示），为了解决携带和空间问题，发明了折叠键盘，运用了可动连接；后面又发明了柔性键盘，可以卷起来带走，运用了弹性体连接；现在又出现了激光键盘，通过激光投影出键盘，更方便了，这类磁、光就是场连接。

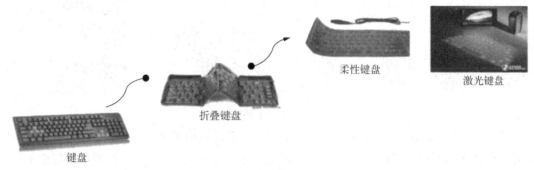

图 4-66　键盘的发展

4.8.4　TRIZ 技术的横向应用

你知道爆米花的原理吗？

加热过程中爆米花机内部压强急剧上升（如图 4-67 所示），在加热的过程中，内部温度会快速上升，而温度的本质就是分子的热运动，内部分子剧烈运动会不断撞击爆米花机内壁，导致压强急剧升高，内部变成了一个高温高压的环境。大米内部压强与爆米花机内部气体压强形成平衡状态，大米在爆米花机内也被快速加热，而大米内部含有一定的水分，水分于受热之后本来应该急剧膨胀挥发，然而爆米花机内部空气的压强同样很大，因此大米的内部和外部压强形成了一个平衡，所以大米的形态在这种情况下不会发生什么变化，在没有打开爆米花机的密封盖时，里面的大米还是大米，还没有形成米花。快速变化的气压导致米粒直接炸开形成爆米花。

内部压强不断增大

图 4-67　爆米花原理

你知道这个爆米花的原理可以做什么吗？爆米花的原理可以概括为利用瞬间压力差来分离物体的外表，这个原理被应用到了切割钻石，通过加压使钻石内部压力增加，直接开盖时造成瞬间压力差，钻石就会沿着自身纹理裂开。同样这个原理还被应用到了制作甜辣椒罐头、剥开杉木果实、向日葵种子的剥壳等地方（如图 4-68 所示）。

| 发明1—甜辣椒罐头制造方法 | 发明2—剥开杉木果实 | 发明3—向日葵种子的剥壳 | 发明4—制造糖粉末 |
| 利用压力变化将籽取出 | 利用压力变化将果实取出 | 利用高压使果壳分离 | |

通过瞬间压力差来分离物体的外表

图 4-68　瞬间压力差原理

通过以上 TRIZ 纵向与横向的分析可以看出大多数发明不是从无到有的,而是把其他领域的原理运用到这个领域的过程,TRIZ 不接受折中,要完全消除矛盾,达到最终理想解。

 案例

欧洲家电品牌设计赏析

欧洲的家电品牌众多,比如意大利 Smeg、瑞典 ASKO、意大利 D'e'Longhi(德龙)、澳大利亚 Breville(铂富)、新西兰 Fisher & Paykel(斐雪派克)等这些品牌的设计理念与经典产品案例值得学习与鉴赏。

(1)意大利 Smeg

意大利 Smeg 公司成立于 1948 年,是世界上最大的专业厨房电器生产商之一。在欧洲,Smeg 是贵族家庭厨房电器的标准;在世界各地,Smeg 是极品厨房电器的代名词。

基于"时尚与科技融合之美"的产品研发理念,Smeg 先后与全球顶级建筑大师、设计师通力合作,Smeg 产品经典的外形与灵魂,不遗余力地传递意大利风格,并且将设计、性能和精致融入产品中(如图 4-69 所示)。

而 Smeg 最广为人知的产品就是它那像艺术品一样的冰箱了(如图 4-70 所示)。色泽艳丽、时尚美观的外形能在第

图 4-69　Smeg 家电

一时间俘获你的心。也让素有"电器中的好莱坞明星"的 Smeg 冰箱,从轻奢家电品牌走入时尚行业。

图 4-70　Smeg 冰箱

（2）瑞典 ASKO

ASKO 家电起源于瑞典，是欧洲最大的家电制造商。斯堪的纳维亚总是走在设计的最前沿，因为他们始终认为功能和外观同样重要。

极简的外形与精巧的功能兼备，操作简捷，虽没有烦琐而复杂的元素，但能够最大化地满足人们日常生活的所有需求（如图 4-71 所示）。

（3）意大利 De'Longhi（德龙）

De'Longhi（德龙）由德龙家族于 1902 年创立于意大利北部一个名叫特拉维索（Treviso）的小镇。经过百余年的发展，德龙现已成为中高档生活电器的设计、研发、生产和销售的跨国集团，其产品涉及多个领域：咖啡机系列、厨房电器系列、加热电器系列、空调/空气净化系列、清洁/熨烫系列等（如图 4-72 所示）。

德龙品牌的追求是："令习以为常的生活充满特别的惊喜"。要说德龙最具代表性的产品，那必须是以咖啡机为代表的厨房小家电。

图 4-71　瑞典 ASKO 家电

暖风机　　　　　　空气净化器　　　　　　热水壶

图 4-72　意大利德龙家电

例如 Icona Vintage 复古系列咖啡机，从配色到款式，再次把我们带回了 20 世纪 50 年代，和斯麦格有异曲同工之妙。

(4)澳大利亚 Breville(铂富)

Breville 是来自澳大利亚的品牌,创立于 1932 年。以经典榨汁机、果汁机、碗状刀片搅切系统等改变了人们的生活质量,经过 80 年工艺经验累积、不断创新超过 90 项的专利科技,Breville 以"FOOD THINKER"的使命,坚持保留食材最原始新鲜风味,让每个人都能用最轻松简单的操作创造辉煌的感动时刻(如图 4-73 所示)。

BTM800电子调温泡茶机   BKE820电子调温电热水壶   BKT500二合一烤面包机

图 4-73　铂富产品

下面我们看下泊富的几款产品。第一款是 BES870 智能磨豆咖啡机(如图 4-74 所示),具有自动恒温功能,使用完蒸汽功能后,自动调整水温以获取最佳咖啡萃取温度。

第二款是 BKT500 二合一的产品(如图 4-75 所示),将电水壶和烤面包机合二为一,面包机全家口味,多种选择,活动式面包集屑盘,清洗简便;水壶简洁小巧,配有水位观察窗口。没有繁琐的操作,一键到位,让你的生活变得更加简单。

图 4-74　铂富咖啡机

图 4-75　铂富二合一产品

(5)新西兰 Fisher&Paykel(斐雪派克)

斐雪派克于 1930 年创立于新西兰最大的城市奥克兰,至今已有 90 余年的历史。它是新西兰国宝级电器品牌,也是全球顶级厨房电器品牌、世界著名的奢侈品品牌。其品牌的价值就如同我们国人心中的茅台酒一样。

斐雪派克致力于打造更好的体验,让日常事务成为一个惯例,让膳食成为一种创意,让家务成为一件乐事。

"社交厨房"是斐雪派克设计理念的概括。厨房的核心是人,在社交厨房里,食物与设计相结合,创造出能颠覆想象和打开新话题的美食体验。

斐雪派克设计师和工程师重新构思了厨房,将其想象为一系列艺术互动体验,参与人数超过 6500 万(如图 4-76 所示)。社交厨房(The Social Kitchen™)热诚邀请其宾客成为厨师。

宾客可与穿有特制 T 恤的斐雪派克设计师和工程师互动,咨询本次体验的相关问题,谈论关于美食回忆、烹饪、产品与生活等相关话题。这样,斐雪派克就可收集各类见解,而这些见解影响着未来一代的电器设计。

斐雪派克打破传统工作三角的电器来提高灵活性,而这一点恰是设计符合人体工程学的产品所必需的。采用斐雪派克的创新技术,我们可以创造出能够放置在厨房任何位置的电器,适合个人厨房工作、习惯或功能,摆脱了工作三角这一旧式观念(如图 4-77 所示)。

图 4-76　斐雪派克厨房

图 4-77　斐雪派克厨房

随着厨房逐渐演变为休闲空间,采用的技术也逐渐趋于嵌入式,而斐雪派克致力于设计出完美融合、灵活多变、功能多样的电器(如图 4-78 所示)。

2012 年,海尔集团收购了斐雪派克,并一直致力于研究人们的烹饪方式、使用厨房的方式、厨房的改变如何促成了社交厨房的诞生以及厨房在我们日常生活中发挥的作用。

图 4-78　斐雪派克厨房产品

(6)斯洛文尼亚 Gorenje

在欧洲拥有极高市占率的家电品牌 Gorenje,一向以产品的外观设计见长,主要产品包括冰箱、洗衣机、洗碗机、吸尘器等绝大部分家电品类(如图 4-79 所示)。

图 4-79　Gorenje 产品

Gorenje 的产品理念注重张扬的个性化,引领家电产品设计的新潮流。Gorenje 众多家电产品中又以复古冰箱最让人津津乐道,采用了和 Smeg 一样的复古造型,多彩的外观设计相当讨喜(如图 4-80 所示)。

图 4-80　斯洛文尼亚产品

(7)西班牙 CATA(卡塔)

CATA 是西班牙厨电品牌,于 1947 年在托雷洛成立。1999 年,该公司在中国开设了新工厂。

创新能力强,以及研发部门的持续努力和积极的国际营销是卡塔成功的根本原因。其产品领域包括排气扇、油烟机、灶具、烤箱、微波炉、咖啡机、电热水器及电风扇等,是世界顶级的厨房用具及家电品牌(如图 4-81 所示)。

图 4-81　CATA 产品

下面看下卡塔的两款产品。第一款是抽油烟机(如图 4-82 所示),此款产品设计了优雅的装饰头罩,与罗卡兄弟合作的白色玻璃面板,在著名的餐厅埃尔凯恩罗卡(世界上最好的餐厅)使用,凸显出产品的时尚、极简、大气的感觉。

图 4-82　CATA 抽油烟机

第二款产品是电磁炉(如图 4-83 所示),Cata 创新设计了感应连接装置,实现用精确的温度控制烹饪。其产品不仅包括电磁炉,还有感应连接装置以及收纳袋套装。

图 4-83　CATA 电磁炉

欧洲著名的七个家电品牌,Smeg 是极品厨房电器的代名词,"时尚与科技融合之美"的产品研发理念;瑞典 ASKO 追求极简的外形与精巧的功能兼备;德龙品牌的追求是:"令习以为常的生活充满特别的惊喜";澳大利亚 Breville(铂富)坚持保留食材最原始新鲜风味,同时让每个人都能用最轻松简单的操作实现;斐雪派克正在持续研究"社交厨房",未来新一代的厨房设计;Gorenje 一向以产品的外观设计见长,引领潮流;西牙 CATA(卡塔)注重创新研发。

✎ 家电认知训练

1. 课后各位同学做一个圆中画物再创新的练习,以圆为基本形,画出你看到的、想到的、知道的物体,可突破圆形边界进行创意加入适当装饰设计,然后放进画框进行展示。

2. 选择并了解身边的家电产品,思考智能时代下,如何运用人性化设计进行更好的创新创意。

3. 课后请各位同学从设计本源的角度出发,思考一下加湿器、电风扇等电器产品的再设计。

4. 请同学们选择一个家电产品,从行业创新的角度出发,运用课堂学习的四个方法,为此产品找到一个新的设计方向定位。

5. 自主学习创意方法——奔驰法,这是以奔驰车的形象为例,产生的创意方法。

6. 请各位同学自我思考,能用一句话来简单概括 TRIZ 理论吗?你认为未来键盘的发展将会是什么样子?你还能利用"爆米花"的原理还能干什么?

7. 每位同学选择一个欧洲家电品牌进行资料搜集,整理制作成 PPT,进行分享汇报。

第5章 家电产品设计分析方法

5.1 技术进化分析方法

5.1.1 阅读提示

（1）TRIZ 理论解决问题的思路

（2）TRIZ 技术进化理论——S 曲线

（3）TRIZ 理想度法则

5.1.2 TRIZ 解决问题的思路

TRIZ 针对具体发明问题，将具体的问题进行抽象，抽象成 TRIZ 一般的问题，也就是 TRIZ 通用的问题模型，针对 TRIZ 可识别的通用问题模型找到通用的解决方法，将这个解决方法进行类比来解决我们遇到的具体问题。

通过 TRIZ 解决问题的思路可以看出 TRIZ 是提炼出了一套实用的解决问题的方法，我们进行问题或矛盾的转化，就可以找到解决问题的方法，TRIZ 为解决问题提供思路（如图 5-1 所示）。

图 5-1　TRIZ 解决问题的思路

5.1.3 TRIZ 技术进化理论——S 曲线

TRIZ 技术进化是实现系统的功能从低级向高级变化的过程，技术系统一直处于进化的过程中，解决技术系统矛盾是进化的推动力，但是所有的技术系统的进化都遵循一定的客观规律。

一个技术系统的进化一般经历 4 个阶段，即引入期、成长期、成熟期与衰退期。这个周期既是技术的生命周期，也是产品的生命周期，这个曲线形似 S，表达出了系统的完整生命周期（如图 5-2 所示）。

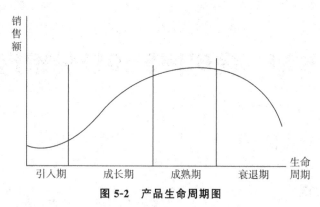

图 5-2　产品生命周期图

我们再看下面一张图(如图 5-3 所示),我们发现这个 S 曲线在不断地向右上延展,它表达出了一个技术系统进化完成后,必然会出现一个新的技术系统来替代。下面看一个汽车的案例,汽车最初运用的是蒸汽技术,汽车的速度并没有很高,甚至没有马跑得快,到了大批量制造时代,出现了汽油汽车,汽车的速度得到了很大的提高,开始普及起来。再后面某些人群更加渴望速度的提升,针对部分人群又出现了 F1 跑车,这时汽油汽车的性能达到了顶峰。当速度得到满足时,由于汽油是不可再生资源,开始研发电动汽车,电动汽车技术发展了 10 年左右,处于成长期,或者说正处于技术的瓶颈期,需要解决充电时间的问题,人们希望电动汽车能够像汽油车一样充电时间缩短,因此电动汽车的电池技术和充电桩技术是目前需要突破的关键技术。

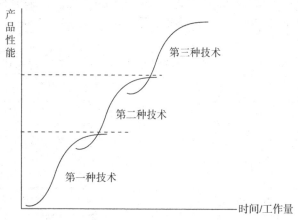

图 5-3　S 曲线进化图

如何辨别产品所处的生命周期呢?通过一些性能参数随时间变化的规律,可以准确地预测产品和技术所处的生命周期。处于婴儿期的技术和产品性能参数比较差,专利的数量也不多,但是发明的级别很高,这时候基本上企业是亏损的,因为前期需要投入;到了成长期的技术或产品性能参数开始升高,专利数量也多起来,但是发明的级别降低了,以改良或完善为主,企业开始慢慢盈利;到了成熟期的产品或技术,产品性能达到最好,专利数量最多,但开始下滑,发明的级别更低了,但这是企业最高利润点的时期;最后来到衰退期,为了更好地占有市场与盈利,企业开始故意降低产品的性能,来达到降低成本,赢得消费者的目的,这时专利数量、发明级别都迅速下滑,企业盈利也开始降低。

5.1.4 TRIZ 理想度法则

通过了解 S 曲线找出了产品所处的生命周期,明确了产品的改进方向,提高理想度法则就是技术系统进化法则的核心,代表着所有技术系统进化法则的最终方向。在 S 曲线的不同阶段,采取提高理想度法则的措施,如图 5-4 所示,在婴儿期也就是引入期,可以采取改善功能和降低成本的方法;在成长期我们需要做的是保持成本不变的情况下提供功能,或者提高成本但得到更好的功能;进入产品成熟期需要做的是减少功能并更多地降低成本;在衰退期唯一的策略就是降低成本,或者引入新技术,然后进入下一轮 S 曲线周期。

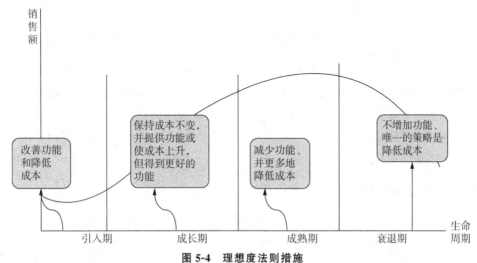

图 5-4 理想度法则措施

5.2 物理矛盾分析方法

5.2.1 学习目标

(1)物理矛盾解决方法
(2)物理矛盾的四大分离方法

5.2.2 解决问题的过程

TRIZ 方法一般需要经过分析问题、解决问题与方案实现三个过程。

如图 5-5 所示,分析问题就是通过系统功能分析法找到问题,将找到的问题运用通用问题模型转换成 TRIZ 理论可以识别的技术矛盾与物理矛盾,然后针对具体矛盾进行解决。其中技术矛盾运用的是 39 个工程参数形成的矛盾矩阵,物理矛盾运用的是四大分离方法,通过解决矛盾形成几个备选解决方案,最后通过概念方案与实物验证实现方案。

从图 5-5 中我们发现了一个关键词——矛盾,其实 TRIZ 就是消除矛盾的逻辑方法,传统设计是在矛盾双方中取得折中方案,矛盾并没有被彻底克服和解决,TRIZ 理论的核心是建立了解决矛盾的逻辑方法。运用通用工程参数来表述矛盾类型,使设计人员在设计过程中不断地发现并解决矛盾,推动产品的不断进化,从一个状态进化到一个新的状态,向着理想化创新产品设计的方向推进。

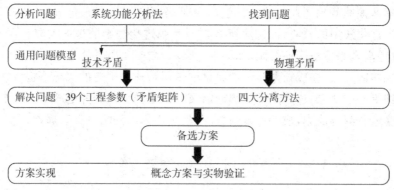

图 5-5 TRIZ 解决问题的过程

TRIZ 将要解决的矛盾分为两类:一类是物理矛盾,另一类是技术矛盾。有什么区别呢?物理矛盾是同一个参数产生的矛盾,比如温度参数的冷与热的矛盾,长度参数的长与短的矛盾,强度参数的软与硬的矛盾;而技术矛盾是一个参数改善导致另一个参数恶化,比如数汽车的功率增大导致油耗量升高。

5.2.3 物理矛盾分析的四大分离方法

针对产生的物理矛盾我们可以运用空间分离、时间分离、整体与部分分离、基本条件分离的四大分离原理,并且,这四大分离原理与 40 条发明创新原理所对应(如图 5-6 所示)。40 条发明原理是什么? 它是 TRIZ 理论的核心,也是总结出来的通用原理,比如针对具体问题,空间分离原理可以用分割、抽取、局部质量、非对称等方法来解决。

4个分离原理与40条发明创新原理的对应	
分离原理	发明原理序号
空间分离	1、2、3、4、7、13、17、24、26、30
时间分离	9、10、11、15、16、18、19、20、21、29、34、37
整体与部分分离	12、28、31、32、35、36、38、39、40
基于条件的分离	1、7、25、27、5、22、23、6、8、14、25、35、13

图 5-6 物理矛盾四大分离方法

四大分离方法,第一是空间分离。天桥就是运用了这个原理将行人与车辆分离。轮船进行海底测量工作时,早期是将声呐探测器安装在船上某一部位,在实际测量中,轮船上的各种干扰会影响测量精度和准确性。解决问题的方法就是将声呐探测器单独置于船后千米之外,用电缆连接,使声呐探测器和轮船内的各种干扰在空间上得以分离,互不影响,可大大提高测试精度,实现了矛盾的合理解决。

第二是时间分离。时间分离就是将矛盾双方在不同的时间段上分离,即通过在不同的时刻满足不同的需求,从而解决物理矛盾。比如,我们使用手机时希望手机屏幕大而清晰,当我们不使用手机时,我们希望屏幕小,从而携带方便,因而出现折叠屏手机。

第三是整体与部分分离。整体与部分分离是将矛盾双方在不同层次上分离,即通过在不同的层次上满足不同的需求来解决物理矛盾。如自行车链条应该是柔软的,以便精确地环绕在传动链轮上,但它又应该是刚性的,以便在链轮之间传递相当大的作用力。因此,系统的各个部分(链条上的每一个链接)是刚性的,但是系统在整体上(链条)是柔性的。

第四是条件分离。根据条件的不同将矛盾双方不同的需求分离,即通过在不同的条件下满足不同的需求,从而解决物理矛盾。例如跳水池水面太硬,运动员入水容易受伤,而水面太软,运动员入水前就难以正确判定水面位置,影响空中技巧动作和入水动作的完成。为此,要求跳水池设有制浪装置,采用往水面打起泡的方法,使水面产生一定的波纹水浪。

5.3 技术矛盾分析方法

5.3.1 阅读提示

(1)技术矛盾解决方法
(2)技术矛盾运用案例

5.3.2 什么是技术矛盾?

技术矛盾产生于技术系统,我们先来了解下技术系统,技术系统由多个子系统和元件组成,通过子系统与元件的相互作用实现一定功能的组合,比如汽车的技术系统(如图5-7所示),它的子系统包括发动机、底盘、电器等,它的元件包括挡泥板、扶手等,而它的参数有速度、重量、油耗等。

技术矛盾就是为了改善技术系统的某个参数,但却导致该技术系统的另一个参数恶化。这两个参数构成的矛盾叫技术矛盾。比如我们经常说的

图5-7 汽车部件

慢工出细活,它改善的参数是产品的质量,恶化的参数是时间的损失。再看另一个案例,实现一个创新的想法——人可以一只手倒出塑料瓶中的饮料。要实现这个想法,可以分析它的技术矛盾,其中改善参数是减少塑料瓶的直径,恶化参数是降低塑料瓶的稳定性。因此这里的技术矛盾就是静止物体的长度与稳定性之间的矛盾。在生活中许多开车的人希望车速能够提高,但是车速提高,车的稳定性就会变差,这里改善的参数是速度,恶化的参数是稳定性,这里的技术矛盾就是速度与稳定性之间的矛盾。

5.3.3 技术矛盾中的工程参数

上面几个案例中都提到了参数,这些参数就是 TRIZ 理论总结出来的 39 个通用工程参数,大多的技术矛盾参数基本上都涵盖在内,比如运动物体的重量、静止物体的重量、物体的

长度、面积、提及、速度、力、形状结构等,具体大家参考表 5-1。这些参数可以分为三大类别即通用物理和几何参数,包括 1～12 号、17～18 号与 21 号参数;通用技术消极参数,包括 15～16 号,19～20 号,22～26 号,30～31 号,36～37 号;通用技术积极参数,包括 13～14,27～29 号,32～35 号,38～39 号参数。

表 5-1　39 个通用工程参数

序号	工程参数名称	序号	工程参数名称	序号	工程参数名称
1	运动物体的重量	14	强度	27	可靠性
2	静止物体的重量	15	运动物体作用时间	28	测试精度
3	运动物体的长度	16	静止物体作用时间	29	制造精度
4	静止物体的长度	17	温度	30	物体外部有害因素作用的敏感性
5	运动物体的面积	18	光照度	31	物体产生的有害因素
6	静止物体的面积	19	运动物体的能量	32	可制造性
7	运动物体的体积	20	静止物体的能量	33	可操作性
8	静止物体的体积	21	功率	34	可维修性
9	速度	22	能量损失	35	适应性及多用性
10	力	23	物质损失	36	装置的复杂性
11	应力或压力	24	信息损失	37	监控与测试的困难程度
12	形状	25	时间损失	38	自动化程度
13	结构的稳定性	26	物质或事物的数量	39	生产率

这些技术参数的具体内涵是什么? 比如结构的稳定性是什么? 我们可以查询 39 个通用工程参数的解释(如图 5-8 所示),结构稳定性是指系统的完整性及系统组成部分之间的关系。磨损、化学分解及拆卸都降低稳定性。

(9)速度是指物体的运动速度、过程或活动与时间之比。
(10)力是指两个系统之间的相互作用。对于牛顿力学,力等于质量与加速度之积。在 TRIZ 中,力是试图改变物体状态的任何作用。
(11)应力或压力是指单位面积上的力。
(12)形状是指物体外部轮廓或系统的外貌。
(13)结构的稳定性是指系统的完整性及系统组成部分之间的关系。磨损、化学分解及拆卸都降低稳定性。
(14)强度是指物体抵抗外力作用使之变化的能力。
(15)运动物体作用时间是指物体完成规定动作的时间、服务期。两次误动作之间的时间也是作用时间的一种度量。
(16)静止物体作用时间是指物体完成规定动作的时间、服务期。两次误动作之间的时间也是作用时间的一种度量。
(17)温度是指物体或系统所处的热状态,包括其他热参数如影响改变温度变化速度的热容量。

图 5-8　通用工程参数的解释(部分)

5.3.4 39×39 的矛盾矩阵表

阿奇舒勒将 39 个通用工程参数和 40 条发明原理(如表 5-2 所示)有机地联系起来,建立起对应关系,整理成 39×39 的矛盾矩阵表(如表 5-3 所示)。

表 5-2 40 条发明原理

序号	原理名称	序号	原理名称	序号	原理名称	序号	原理名称
1	分割	11	预先应急措施	21	紧急行动	31	多孔材料
2	抽取	12	等势性	22	变害为利	32	改变颜色
3	局部质量	13	逆向思维	23	反馈	33	同质性
4	非称性	14	曲面化	24	中介物	34	抛弃或修复
5	合并	15	动态化	25	自服务	35	参数变化
6	多用性	16	不足或超额行动	26	复制	36	相变
7	套装	17	维数变化	27	廉价替代品	37	热膨胀
8	重量补偿	18	振动	28	机械系统的替代	38	加速强氧化
9	增加反作用	19	周期性动作	29	气动与液压结构	39	惰性环境
10	预操作	20	有效运动的连续性	30	柔性壳体或薄膜	40	复合材料

表 5-3 39×39 矛盾矩阵(部分)

恶化参数→ 改善参数↓	静止物体的耐久性	速度	力	运动物体消耗的能量	静止物体消耗的能量	功率	张力/压力
功率	38,35,10,4,28,19,16	15,2,19,35,3,1,4,24,1,13	2,19,15,35,36,1,3,13,14	19,6,37,36,15,3,2,16,4,1	19,15,3,2,6,16,37,1	35,19,2,10,28,1,3,15	35,10,3,30,14,4,2,28,27
张力/压力	3,14,35,9,2,5,12	35,17,24,13,6,14,29,36	35,17,14,9,12,4,36	10,17,14,24,12,37,29,35	17,14,10,35,4,12,24,37	35,29,10,17,14,28,4,1	35,3,40,17,10,2,9,4
强度	35,3,5,24,26,4,13,40	14,28,8,13,12,26,2	40,9,35,25,14,3,24	35,17,10,19,14,4,13	35,14,17,4,13	40,35,3,4,10,28,26	35,40,24,3,9,4,17,25,18
结构的稳定性	10,40,3,39,23,6,13,7	40,28,25,13,24,10,33,15,18	24,21,10,16,1,35,17	13,35,19,18,9,24	35,18,9,24,13,1	35,31,18,24,13,27,32	40,3,35,31,18,2,13,4
温度	19,36,40,3,9,1,13,2,35	28,14,36,2,30,19,13,3	2,35,3,19,24,10	19,15,3,35,21,36,1,24	35,3,19,32,36,5,9	31,3,2,17,25,35,1,14	35,19,39,2,15,3,26
明亮度	2,6,10,35,28,4	19,10,13,28,35,4,5	10,19,6,26,4,3,36	19,10,3,24,15,17	19,10,24,3,5,26	35,25,19,17,14,28,2,4	30,35,12,9,40,14,28

恶化参数→ 改善参数↓	静止物体的耐久性	速度	力	运动物体消耗的能量	静止物体消耗的能量	功率	张力/压力
运行效率	35,24,28,10,3,30,18	3,4,15,30,29,28,13	35,40,17,13,3,9,19,7	2,4,15,3,19,35,17	3,35,19,15,17,14,4	35,3,15,19,17,4,38	3,17,35,31,19,12,40,15,9
物质的浪费	24,15,18,38,17,35,28	28,19,13,25,10,38,3,24	14,15,9,18,40,35,17,4	18,35,5,3,19,12,28	12,18,28,35,30,24,31,19	28,18,38,25,13,3	3,37,10,1,17,36,9,12
时间的浪费	5,28,24,7,16	28,26,3,10,4,5	5,17,10,37,36,3	18,35,38,3,4,19	35,10,1,19,38,3,4	35,6,10,1,20,12,24	35,17,4,20,36,37,9
能量的浪费	17,31,35,34,14,3,19	3,35,14,28,10,13	19,17,2,36,4,38	35,19,3,4,37,2	35,19,4,2,12,34,3	19,4,37,34,38,21	2,25,4,13,12,19
信息的遗漏	10,19,28,3,4,37	12,13,24,26,37,32	13,17,24,37,1,36	1,24,25,20,10,19	10,1,24,36,25	10,19,24,25,7,13,3,37	24,22,25,35,7,14,31
噪音	10,4,1,13,24,3,35	3,1,14,31,39,24,4	3,14,17,4,1,31	19,18,4,35,14,24,23,9,3	19,23,28,4,24,14,9,3,35	28,23,25,24,3,13,14,35,39	3,14,9,2,23,24,39,25
有害的散发	1,3,10,15,18,36	35,28,13,21,3,18,36	10,3,15,35,28	35,28,10,3,20,4	35,3,20,10,28,4	35,28,10,3,4,18,20	10,12,9,35,15,28,17,13
有害的副作用	21,16,17,14,13,9,35	3,35,29,31,28,4,12,17	28,35,15,29,40,1,3,4	35,6,12,26,4,3	35,24,19,3,4,22	3,35,18,4,14,13	1,17,30,27,9,37,36
适应性	15,13,16,2,17,3,35	10,14,35,24,15,28,12,29	35,15,17,14,6,7,13	29,13,19,35,15,16,12,1	35,16,1,19,3,12,17	19,1,24,35,29,28,12	15,29,13,28,24,12,4,16

矛盾矩阵的第 1 行、列为 39 个通用工程参数的编码,横行表示要改善的参数,纵行表示会恶化的参数。第 2 行、列分别为 39 个通用工程参数的名称。但是,39×39 个通用工程参数从行、列两个纬度构成矩阵的方格共 1521 个,在其中 1263 个方格中均列有几个数字,这几个数字就是由 TRIZ 推出的解决对应工程矛盾的发明原理的编码。按照编码查 "40 条发明创造原理" 表,即可得到该编码的实际含义。假如产生过的技术矛盾参数是移动物体的重量与速度,我们查询矛盾矩阵表,就可以得出 15,2,25,19,28,8,37,18,我们再查询 40 条发明原理就可以找到 TRIZ 提供的解决问题的思路是动态化、抽取、自服务、周期性运动、机械系统的替代、重量补偿。我们就可以选择合适的原理设计解决方案。矛盾矩阵表便于我们找到发明原理,提高解决技术矛盾问题的效率。

5.3.5 技术矛盾运用案例

第一个案例是开口扳手的改进问题。扳手在外力的作用下拧紧或松开一个六角螺母,由于螺钉或螺母的受力集中到两条棱边,棱边容易磨损,进而使螺钉或螺母的拧紧或松开困难(如图 5-9 所示)。经过分析我们得到需要改善的参数是物体产生的有害因素(31)即减少对螺母棱边的磨损。这里我们发现,要把具体的问题对应到 39 个通用工程参数中,如 31 号物体产生的有害因素就包括物体的磨损、减少等,这个案例的恶化参数是制造的精度(29),也就是新的改善可能使制造困难。我们查询矛盾矩阵表

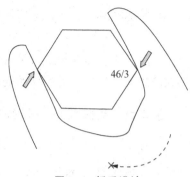

图 5-9　扳手设计

得到的发明原理分别是 4 号非称性、17 号维数变化、34 号抛弃或修复、26 号复制。后来有一位美国的工程师运用 4 号非称性发明了新型扳手,如图 5-10 所示,扳手的开口处做了不对称的圆弧过渡,解决了问题。

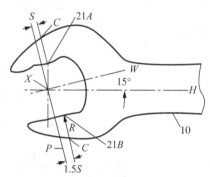

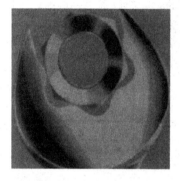

图 5-10　改进后的扳手

第二个案例是一次性牙膏的开启问题。外出入住宾馆,在盥洗室洗漱时,如何开启宾馆为我们提供的一次性牙膏。通过分析提取其技术矛盾,其中改进参数是可操作性,方便操作挤出牙膏,恶化参数是强度,降低牙膏部分的强度,通过查询矛盾矩阵表找到解决原理,32 号改变颜色原则、40 号复合材料原则、3 号局部质量原则、28 号机械系统的替代原则,最后通过分析采用 3 号局部质量原则,对牙膏盖局部进行改进,在制作中使其呈一个尖锥体,用其顶挤牙膏头,解决牙膏开启问题。

5.4　矩阵图分析方法

5.4.1　阅读提示

(1)矩阵图
(2)矩阵图 5 种常见的表达形式与表达内容

5.4.2 矩阵图的定义

矩阵图法就是从多维问题的事件中,找出成对的因素,排列成矩阵图,然后根据矩阵图来分析问题、确定关键点的方法。它是一种通过多因素综合思考,探索问题的好方法。

由矩阵图可清晰地分析出各品牌产品在整个行业中的地位和特征。我们经常使用以下形式的矩阵图进行家电产品的资料分析。

5.4.3 品牌性格分析矩阵图

品牌性格分析矩阵图运用的是一种方阵形式的矩阵图,首先绘制一个圆角矩形,然后绘制横向和纵向的线,形成方阵的形式。

如图 5-11 所示,以厨电为例在矩阵图的横向为基本与享受的设计因素,并列举出了清洁、安全、潮流、个人识别、享受 5 个关键点,纵向为外观与功能设计因素,并列举出外观、智能、品质、功能、价格 5 个关键点。依据横向和纵向列举出的关键点,将收集的厨电品牌放置在矩阵图的相应的位置中。运用矩阵图可以清楚地了解每个品牌的性格与特点,清楚地做出了品牌性格对比。

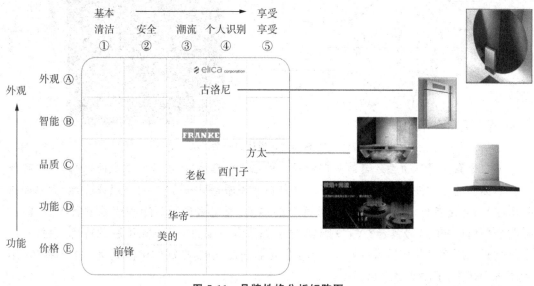

图 5-11 品牌性格分析矩阵图

5.4.4 产品需求趋势分析矩阵图

如图 5-12 所示,这里运用的是坐标轴形式的矩阵图,首先绘制横向和纵向带箭头的坐标轴,绘制横向的时间因素从 1980—2010 年,纵向用不同颜色的小方块表达审美需求、技术需求、体验需求与品牌需求。然后运用不同颜色的曲线表达不同需求的趋势变化。

从矩阵图中可以清楚地看到随着年代的变化人们需求的变化,目前审美需求是上升最快的一种需求,体验需求也开始展露头脚。

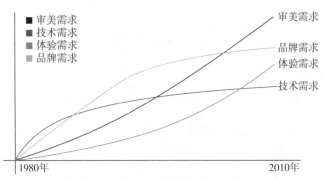

图 5-12 产品需求趋势分析矩阵图

5.4.5 产品设计语言分析矩阵图

如图 5-13 所示,这里运用的是柱状形式的矩阵图,首先绘制一条表示设计语言的横向长轴,在长轴上绘制出目前市场上的各类设计语言,如未来感、形态差异化及艺术美感、灯光装饰、自由搭配、健康生活、绿色生态等 15 个设计语言,纵向运用长柱形状的高低表达设计语言之间的差异,首先绘制出以前每个设计语言的高度,然后绘制出每个设计语言的趋势变化,同时也可以把一些代表设计语言的图片放置在合适的位置。

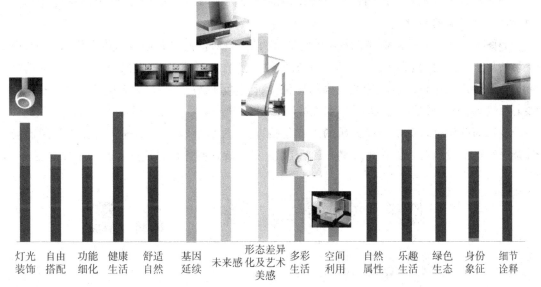

图 5-13 产品设计语言分析矩阵图

5.4.6 产品定位矩阵图

如何通过产品的价格来了解产品档次,可以运用下面的矩阵图形式(如图 5-14 所示),首先用虚线绘制出纵横交错的方阵,然后在横向设计时间要素,纵向设计价格要素,一次把不同价位、不同上市时间的产品放置在矩阵图中的合适档区,运用色块进行高、中、低端产品归类分析,就可以分析出不同档次产品的定位,如高端油烟机定位为精致、高贵、高性能,中档产品的定位为简洁,低档产品的定位为常规与干净。

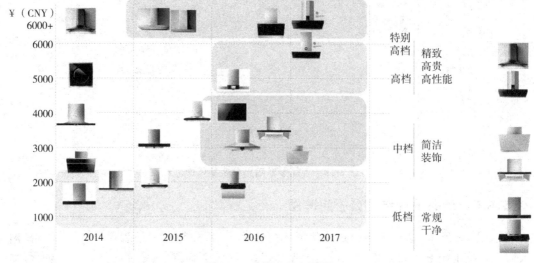

图 5-14 产品定位矩阵图

5.4.7 产品设计关键词分析

产品设计关键词就是产品最终体现出来的核心价值,运用矩阵图能够帮助设计师找到现有市场上产品的差异点。

如图 5-15 所示,首先绘制横向与纵向带箭头坐标轴,横向设计硬朗与柔和因素,纵向设计简洁与丰富因素,然后依次将收集产品资料图片依据关键词特点放置在矩阵图中,进而将近似特点的产品进行产品设计关键词的细化分析,就可以发现现有市场上产品的差异化的核心关键词,如高科技感与细节性,高性能与简洁性等。

运用矩阵图进行家电产品分析的形式包括方阵、柱状、线状、块状等。矩阵图是帮助设计师进行产品设计分析的一种工具,工具的形式依据设计师需要可以进行灵活多样的变化。

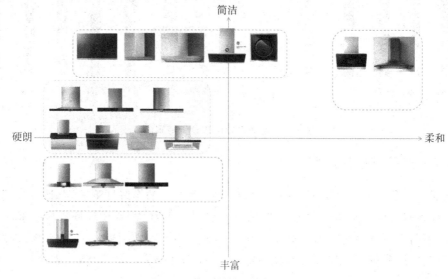

图 5-15 产品关键词分析矩阵图

5.5 产品意向图分析方法

5.5.1 学习目标

(1)产品意向图的用途
(2)产品意向图的风格
(3)产品意向图的运用过程

5.5.2 产品意向图的用途

对于设计师而言,草图能够帮助其抓住瞬间灵感,快速表达出自己的想法,有助于设计交流。一张完整清晰的草图能表达设计师的思考路径,传达设计师的设计意图,所以说,在设计过程中,草图是必不可少的一项技能。通常设计师会选择提取意向图元素特征进行设计,这也是造型设计中较为常用的一种设计手法。

比如说我们设计一款运动型音箱,那么我们首先要知道往什么方向设计、运用什么造型元素,还要知道设计这个造型的目的是什么,也就是你的产品定位,然后再寻找合适的意向图,进行元素特征的提取与运用。比如硬朗的、科技感的、简洁的等这类产品。

在我们收集和设计任务相关的素材时,建议相关的素材和你的设计任务是跨领域的范畴,避免产品概念撞车或雷同。

收集完素材时,我们需要将其用直观的、易理解的词语概括出来,也就是当你第一眼看到这些素材的时候,它给你的直观感受是怎样的。比如硬朗的、科技感的、简洁的等这类形容词。

5.5.3 产品意向图的类型

第一种是萌趣化方向。图 5-16 是一台饮水机,它改变了原有烧水壶的造型,变成了一个仿生造型,将猫咪可爱的形象融于产品造型中,看起来十分萌趣可爱。图 5-17 产品是一个公用的租赁充电宝,它的产品形象源于我们小时候喜欢吃的冰棒,把充电宝箱做成了冰棒盒,每次使用就像小时候每次取出一个冰棒吃的体验,整体形象也是萌萌的。

图 5-16 佳简几何饮水设计

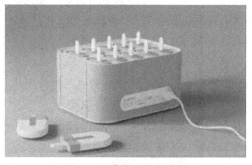

图 5-17 萌趣充电宝设计

第二种是潮玩风。独特的文化消费需求,使潮玩文化成为最具年轻人特性的消费标签。

潮玩盛行,设计、审美、艺术、文化价值缺一不可,也为我们赋予有色品牌新概念带来绝佳契机,图 5-18 是一把剃须刀的自我革命,实现了美感的重新审视、性能的全新升级,剃须刀是工具还是玩具,年轻人的答案是全都要。设计师设计了精致迷你的机身、潮酷系列的色调,有细节感的锤炼,此外还以时尚画报风格来呈现这款剃须刀的说明书及图解,配件内盒也做了精致的插画设计以及潮流＋实验室风格的包装,满满的街潮感,一定能让你做整条街最靓的仔。

图 5-18　佳简几何剃须刀设计

第三种是潮酷、硬核、个性。如图 5-19 所示,这个脱毛仪产品打破传统脱毛仪产品在大众视野中的固化形象,与重量级兰博基尼联名,将兰博基尼独创楔形车身设计、极具个性、叛逆、先锋且超凡的风格特点提炼出来,形成产品的符号,汲取了兰博基尼经典的流畅型腰线设计,尽显风韵,色彩上运用流金元素,突出机身金属质感。结合当下流行主色系,精准定位年轻高阶人群,将对生活的洞察以视觉化的语言呈现出来。

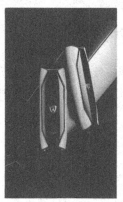

图 5-19　佳简几何脱毛仪设计

第四种是复古、轻奢。它传递出了一种唤醒情感的温度。比如,收音机在过去是很正常的东西,但是现在很多的年轻人并没有使用过,尤其是"95后",收音机这个"过去式"本身就是一种情怀和复古的代名词。就像玛丽莲梦露的形象,如图 5-20 所示,这款收音机最大的设计亮点除了外观给人

图 5-20　猫王复古音箱设计

复古和情怀,回味 60 年代经典,还可以自由更换外壳,换装拆卸再重组,满足年轻人日益变

化的多元需求。

第五种是国风、美学。品牌传承经典文化的同时,近年来,在竞争激烈的彩妆领域,化妆品市场掀起了一阵国货美妆风。但如何做到深度且求新、多元而交融?比如口红外壳选择以东方香囊为灵感(如图 5-21 所示),结合"中国结"祥纹设计,传承东方古典之美,分享了时下的复兴文化。此外,钢笔的笔夹设计也可以运用盘扣的元素,色彩运用黛红、黛青、带灰等中国色彩。

第六种是简约而有细节。看起来简洁但却不简单,目前市场上产品主流造型都是简约的几何体,但在细节上都有体现,如浅浮雕效果的 LOGO 的运用、丝印图标的运用、装饰线的表达、散热孔线的运用。

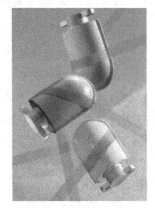

图 5-21　香囊口红

5.5.4　意向图如何运用

第一步,根据定位方向去寻找合适的意向图,如运动型音箱应该寻找与运动相关的比较有动感的意向图;

第二步,我们先分析和观察意向图,找到其独特的特征点,提取出一个特征元素;

第三步,选取意向图中的特征线,将提取的线条变形,可以先从一个角度开始推敲,正视图或侧视图都可以;

第四步,根据得到的正视图或侧视图,推导出产品的整体造型,可以多角度延伸进行推导。这个时候要注意形态、色彩、光影、材质等语言的传递,以及形式美学的应用及产品功能等细节的推敲。若只考虑单一形态的传达会让人感觉设计空荡无感。

5.6　产品人机工程分析方法

5.6.1　阅读提示

(1)什么是人机工程学

(2)人机工程典型案例

(3)人机分析的四个内涵

5.6.2　什么是人机工程学?

所谓人机工程学,是综合运用了人体测量学、生理学、心理学和生物力学以及工程学等学科的研究方法和手段,综合地进行人体结构、功能、心理及力学等问题研究的学科。

那么什么又是人机工程设计呢?人机工程设计是将使用"物"的人和所设计的"物"以及人与"物"所共处的环境作为一个系统来研究。研究人体的关键尺寸、受力情况、人的使用习惯、使用环境等,让人与物共同完成一个系统目标,建立良好的"人—机"互动关系,从而获得系统的最高综合效能。

5.6.3 人机工程分析的经典案例

我们来分析一个人机工程特征比较明显的产品——头戴式耳机,首先我们先了解一下人是如何使用头戴式耳机的。

头戴式耳机凭借其优质的音效,成为娱乐影音领域不可或缺的配套产品。头戴式耳机从结构上是通过用户佩戴时,头戴式耳机会发生形变,应力作用使两边耳罩夹住耳郭,重力作用使耳机的头带压住头顶,形成三点受力结构以保持用户佩戴时的稳定性(如图 5-22 所示)。

但由于用户耳郭的尺寸不一,大小各异,耳罩尺寸无法适合所有消费者耳郭的大小,佩戴耳机时会出现如下问题:

(1)耳罩对耳郭接触部位压力过大,长时间佩戴头戴式耳机会造成耳郭肿胀、疼痛,甚至会造成耳部伤害;

(2)耳郭被耳罩包裹,处在狭小的受挤压空间中,长时间佩戴耳机会导致耳郭闷热不透气。

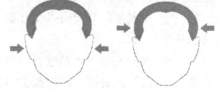

图 5-22　耳机的人机分析

然后,我们了解一个在产品人机工程优化方面不断完善,并且实现良性迭代的产品案例——Bose 无线消噪耳机(如图 5-23 所示)的优化。

第一,重量尺寸优化方面。在重量方面,用户在长时间使用产品后会因为重量产生舒适性的变化,过重的产品会引起区域压力集中,导致用户不适,为了使机器佩戴之后的轻盈感要比之前更自由,携带 3～4 小时无压力感,Bose 的 QC35Ⅱ无线消噪耳机的重量只有 240g,比起 308g 的 QC35 轻了 68g。

图 5-23　Bose 的 QC35Ⅱ耳机设计

在耳罩的软垫尺寸方面,在保证伸缩架两端造型过渡顺畅的情况下,软垫高度增加了 3mm,达到 30mm,从而增大了软垫与颞骨部位的接触面积。软垫位置方面,软垫的水平高度降低了 12mm,伸缩架最大延长后,软垫与头带的垂直最大距离为 106mm,软垫更靠近耳罩(如图 5-24 所示)。

第二,结构优化方面。为缓解长时间佩戴耳机所致的耳郭不适,用户在不摘掉头戴式耳机的情况下,可缓解因长时间佩戴耳机所致的耳郭疲劳、疼痛、闷热等

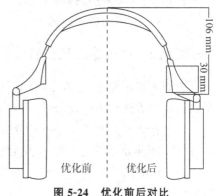

图 5-24　优化前后对比

问题。Bose 头戴式耳机运用步进式拉伸,旋转扣支持向前 90°翻折,向后约 20°微调,能更好适配不同人群的头型(如图 5-25 所示)。作为一款便携耳机,Bose 头戴式耳机在长时间佩戴后夹头感很轻微,比起很多夹得头疼的便携耳机要优秀不少。

图 5-25　Bose 头戴式耳机运用的步进式拉伸

此外,为了一定程度上减轻用户佩戴头戴式耳机时耳郭因局部压力过大而导致的疼痛问题,将原本耳罩对耳郭的压力转移到颧骨部位。颧骨部位被皮肤包裹坚硬而平坦,可有效承受头戴式耳机对其产生的压力。这款无线消噪耳机耳罩将市场上传统的夹住耳郭变为贴住耳郭,使耳郭受力变小。

第三,材质优化方面。为了让用户体验到柔软细腻的手感,耳机的头梁部分采用了"Alcantara"材质,摸起来非常舒服,这是日本发明的材料,成分是 68%的涤纶和 32%的聚氨基甲酸乙酯,实际手感类似于翻毛皮。

为了让用户长时间佩戴也不会有压迫感,耳罩材质上采用了亲肤的蛋白皮,比较柔软舒适,且头部的贴合度很好,Bose QC35 Ⅱ设计使用了更加松软的耳棉,佩戴的压力也更少了,确实还要再舒适一些。

此外,为了让用户将想要的音乐带到任何地方,耳机表面材质方面采用了耐撞击材料、玻璃纤维尼龙和耐腐蚀不锈钢,非常适合移动时使用。

第四,环境适应性优化方面。为了让用户在移动的活动中更好地适应环境,BoseQC35Ⅱ提供了三种档位的降噪模式(如图 5-26 所示),两个极端的模式自然是完全降噪和降噪模式关闭,而中段模式可以稍稍给我们的耳朵透入一丝环境音,从而无须摘下耳机就能与身边的人对话,同时在乘坐铁路交通工具时,也能分辨出报站音,通过按下左侧耳罩处的这枚独立按键,我们就可以对 Bose QC35 Ⅱ 的降噪模式进行切换。

图 5-26　BOSE 头戴式耳机三档降噪模式

5.6.4　产品人机分析的四个层次

第一个是优良的重量尺寸。在进行产品设计时,需要预先考虑各个部件的重量,并进行重量的估算和调整。如 Bose 无线消噪耳机一代一代地进行重量的优化,为用户提供宜人的重量,此外产品的造型和尺寸要基于人体测量学,根据人体的关键尺寸进行产品设计,并且每一个部件设计都需要对应其相应的人体尺寸,如对 Bose 耳机软垫尺寸进行优化。

第二个是弹性功能结构。人体具有很大的差异性,为了能够满足更多用户,在产品设计

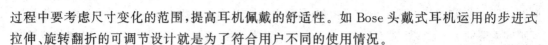

过程中要考虑尺寸变化的范围,提高耳机佩戴的舒适性。如 Bose 头戴式耳机运用的步进式拉伸、旋转翻折的可调节设计就是为了符合用户不同的使用情况。

第三个是合适的材质。选择合适的材料是产品中非常重要的一部分。材料的选择不仅影响产品的外观,同时对于产品所变现的物理性能,例如产品的夹紧力、舒适性均有影响。如 Bose 无线降噪耳机在与人贴合紧密的部件横梁与耳罩上采用了舒适柔软的材料,在外壳采用了耐冲击材料,提高用户佩戴的舒适性与可移动性。

第四个是要满足不同需求的环境。在产品的使用过程中,人与"物"所共处的环境有可能在不停地切换,在产品的设计中需要考虑到不同需求的环境,以提高使用的效率与安全性。如 Bose QC35 II 提供的三种档位的降噪模式就是为了满足不同需求的环境。

产品优良的重量尺寸、弹性的功能结构、合适的材质、不同需求的环境适应性是进行产品人机工程优化设计的四个主要角度。

所谓"法无定法亦有法",产品设计是为人服务的将操作者和使用对象的生理尺度、心理特性作为研究对象,结合特定使用环境,为用户构建一个安全、健康、高效、舒适的产品设计方案,发挥了产品的人机效能,提高了产品的系统效率和产品的市场竞争力。

5.7　产品功能创新分析方法

5.7.1　阅读提示

(1)产品功能是什么

(2)功能创新案例

(3)设计趋势的方向

5.7.2　什么是产品功能?

产品功能是指产品能够做什么或者提供什么功效。顾客购买一种产品实际上是购买产品具有的功能或产品的使用性能。比如,冰箱有保持食物新鲜的功能。那么什么又是功能创新呢?它是指对产品的功能进行迭代,说白了,就是使产品变得更好用。通过功能创新设计,可以解决产品销售了较长一段时间后容易后出现的功能老化,无法满足当前市场潮流和消费者需求的问题。

5.7.3　功能创新案例

我们分析一个在产品功能创新方面不断完善,并且实现良性迭代的产品案例——iPad Pro 功能优化。

第一,主体使用功能的创新点。首先屏幕的使用功能优化设计,为了使视觉变宽,但不会产生视觉上的突兀感,且让真实生动的色彩能够铺满整个屏幕,iPad Pro 优化运用了四等变宽圆角全面屏,四个边角使用同心圆的圆角设计,本来圆角的设计容易产生锯齿化边缘,而 iPad Pro 运用抗锯齿处理技术,确保显示平滑流畅、不变形。

第二,屏幕侧边的功能新改变。iPad Pro 运用了棱角设计,这是一种偏硬朗的设计风格,但这又不仅仅是为了风格而进行的设计——这个功能的优化使手持 iPad Pro 时不滑手。同时侧边框设置磁力接点。这个优化设计功能解决了初代手写笔要靠 Lighting 接口与平板连接充电,或者需要额外一个充电转接头的麻烦,iPad Pro 这一外形设计一下解决了侧面磁吸固定＋无线充电两个问题。

第三,iPad Pro 的声音功能。为了使声音变得更加立体,形成一种立体环绕声音效果,设计师在机身上下多设置了两组扬声器,而且每个边角分别设置了低音和高音单元的优化(如图5-27所示)。

第四,我们通常不会注意到的,是机身背后的使用功能优化设计:为了实现蜂窝网络功能,并且加强 Wi-Fi 的稳定性。iPad Pro 机身背后增加了 MIMO 注塑天线。为了更好地接驳智能键盘,机身背后增加了三个 Smart Keyboard 金属触点。

第五,iPad Pro 附加使用功能。首先是附加的 Smart Keyboard 的优化设计。为了使 iPad Pro 更整体,使用起来重心更平稳,平板和键盘更牢固,实际触感更接近笔记本电脑。Smart Keyboard 由单侧优化为双面夹,一方面对平板能进行双面保护,另一方面加入了两档可视角度调节。此外,为了使用体验感更接近人们熟悉的手机,iPad Pro 附加了 Apple Pencil。

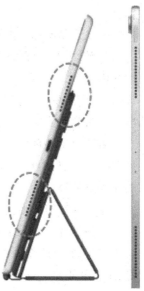

图 5-27　iPad Pro

为了让外置键盘保护套和 Apple Pencil 能够与 iPad Pro 稳定地贴合在一起,iPad Pro 由上一代的几块磁铁增加至 102 块磁铁。第二代 Apple Pencil 在笔身平坦的一面内置了三块磁铁,同时做了半弧面水平切割设计(如图 5-28 所示)。

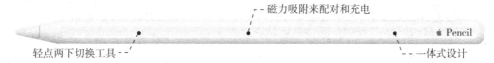

磁力吸附来配对和充电

轻点两下切换工具

一体式设计

图 5-28　Apple Pencil

技术上的更新和外观的改变不仅提升了产品功能,更优化了用户的使用体验,提升了用户的心理满足。现在,我们来具体分析一下 iPad Pro 在满足用户的心理体验方面实现了哪些新变化。

第一,不足 500g 重的机身,握持手感好,长时间在手里使用也没有太累的感觉。

第二,变大变宽的全面屏,对称性又好,视觉体验增强了不少。对称的四个喇叭,可以有环绕立体声的音响效果。

第三,可以享受横竖任意角度的使用,甚至可以斜着解锁,任何姿势下操作几乎可以说毫无障碍,让我们的使用更为自由,不受限制。

第四,Pro 体现了一种想要取代笔记本电脑的野心,因此加强了办公工具的体验,比如电子书的双屏显示,手写笔的文档编辑功能。作为一个时尚的用户,你也许会产生用这个产品来取代笔记本电脑的感觉,甚至迫不及待地要拿出来"秀一秀"。

5.7.4 功能新变化的内涵

第一个是基本功能层次。基本功能优化即产品的核心功能优化,由此满足人们对该产品的基本需求。如 iPad Pro 的视觉变宽、环绕立体声、蜂窝网络等功能,属于基本功能的优化。

第二个是附加功能层次。附加功能优化即原有产品功能的基础上增加新的功能,由此为消费者提供各种附加服务。就如 iPad Pro 的附属件 Smart Keyboard 与 Apple Pencil 功能的优化,属于附加功能的优化。随着经济的发展,人们生活水平的提高,通过产品功能的优化,使产品变得充实与丰富,满足消费者的需求。做好产品附加功能设计,同时可以达到增加产品竞争力的目的。

第三个是心理功能层次。心理功能优化即原有产品基础上产生的提升用户心理需求的优化,不仅满足用户的基本需求,而且满足消费者期望层面的某些心理感受与体验。如 Pro 的任意角度都方便使用,实现了移动办公的设计,达到的自由、随意的效果,就会促使用户产生一些与现有笔记本电脑相比较的炫耀心理。

产品设计是为人服务的,而人的需求多种多样,我们在具体的设计实践过程中,一方面要善于总结规律,应用这些方法;另一方面也要时刻关注和体察用户的需求,将这些方法用好、用妥并不是一件简单的工作,这也是设计师职业的价值所在。

 案例

小米新国货家电设计剖析

"感动人心,科技带来美好生活"是小米企业的理念,从这个口号可以看出小米的产品背后所承载的是为大众服务,感动大众的产品,而不是一般的文创产品,是具有一定技术含量的产品。这就是小米的理念,始终坚持做"价格厚道,感动人心"的好产品!让每个人都能享受科技带来的美好生活!从图 5-29 中可以看到小米已经设计生产了品种繁多、设计风格统一协调的产品,让人一眼就可以辨识出小米的产品。

图 5-29 小米产品合集

北京小米科技有限责任公司(简称小米)成立于2010年4月,是一家专注于高端智能手机、互联网电视以及智能家居生态链建设的创新型科技企业。"为发烧而生"是小米的产品概念。

首先我们来了解下小米的生态链,华米、智米、绿米、润米都是谁?小米生态链都有哪些?都是产什么的?今天我们就来讲一讲小米那些主要的生态链企业。

大家还记得2014年7月推出的79元小米手环(如图5-30所示)吗?当年这一爆品让当时数百元的手环厂家目瞪口呆。之后的小米手环2代更是又一爆款!小米手环是华米科技的产品。安徽华米科技是一家专注于可穿戴设备的公司,由小米公司和合肥华恒电子联合成立。小米手环就是华米公司的杰作。其企业已在美国纽交所上市,创始人是黄汪。

图5-30　小米手环

大家有没有用过小米的温湿度传感器,还有人体传感器、门窗传感器、无线开关、魔方控制器、智能插座等,这些是绿米科技的产品。绿米联创科技前身是深圳绿拓科技有限公司,成立于2009年年底,主要从事环境能量采集的无线无缘楼宇控制系统的研发和应用。2014年由小米注资加入小米生态链后,绿拓更名绿米。

肯定有一些人用过小米的移动电源(如图5-31所示),这也是当时的一款爆品,这是紫米科技的产品。江苏紫米电子技术有限公司于2013年年底推出了第一款小米移动电源,2个月后就问鼎了全球第一。卖充电宝卖到了全球第一也是绝无仅有!紫米科技除了销售移动电源,还推出了彩色电池、数据线、蓝牙音箱、蓝牙路由器、遥控汽车等产品。

在前几年的"双11"爆火的小米空气净化器,不知各位有没有体验过,这是智米科技的产品。北京智米科技有限公司,其对自我的定位是智能环境电器。推出过小米空气净化器,现在已经出了空气净化器2代,还有Pro版。智米科技除了空净还有智米直流变频落地扇、米家PM2.5检测仪、紫米除菌加湿器等产品。

图5-31　小米移动电源

2017 年获得 IF 设计大奖的一款产品是 90 分的 20 寸旅行箱（如图 5-32 所示），这个产品创新了五大收纳分区，可以根据行李多少灵活调节。这是润米科技的产品。上海润米科技有限公司于 2015 年年初获小米投资，成为生态链中的一员。2015 年 9 月出品了 20 寸旅行箱（品牌是 90 分）。

小米也有自己的笔记本电脑，这个产品是田米科技生产的。北京田米科技有限公司为中外合资公司，雷军是其股东之一。

我买过一款摄像机叫小蚁智能摄像机（如图 5-33 所示），它是小蚁科技的产品。上海小蚁科技有限公司是一家专注于云智能可穿戴、移动化的新型视频类智能电子产品自主研发的公司。推出的小蚁智能摄像机具备网络直播、网络存储、双向通话等功能，还可以把动态物体出现的时间标记下来。

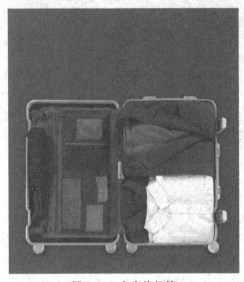
图 5-32　小米旅行箱

图 5-33　小米小蚁摄像机

小米的九号平衡车产品（如图 5-34 所示）看起来科技感十足，这个产品的发布会受到米粉的热捧，它是纳恩博企业的产品。纳恩博（天津）科技有限公司是一个平衡车及短途代步工具的开发商。

图 5-34　小米九号平衡车

图 5-35　小米 21 克老人手机

针对老年群体,小米也有一个生态链企业——卡迪尔通讯。深圳市卡迪尔通讯技术有限公司的主要产品为智能手机、老人手机、21 克老人手机(如图 5-35 所示),其中 21 克老人手机特别设计了深受老年人喜欢的 CareOS 手机操作系统。

从小米生态的合作企业可以看出,小米从原来的手机产品延伸到手机周边产品,再到现在的智能产品,并且目前在开发一些生活耗材品。小米就是这样从小米智能手机开始,延伸到了耳机、充电器、移动电源,再延伸到空气净化器、智能灯具、智能摄像头,平衡车,最后至拉杆箱、牙刷、背包等产品(如图 5-36 所示),其中多款产品获得了国内与国际的多项大奖,最终小米跳出智能手机范畴,走进小米家族,形成了小米的生态链企业。

了解完了小米的生态链是什么、生态链包含哪些企业,下面我们来学习下小米的爆品逻辑。首先我们要明白的是"爆品"不是产品,而是一种创新的商业模式。在小米生态链中,100 万销量、10 亿营收的单型号产品,才能被称为"爆品"。小米去年 200 亿营收,80% 来自不到 10 款产品。比如,智米生产的小米空气净化器,年销 300 万台。这是典型的爆品逻辑。单单就"双 11",智米的空气净化器就就卖了 42 万台。那么,一个产品如何成为一个爆品呢?

第一,产品从人性化出发。以苹果的 AirPods 耳机与普通的蓝牙耳机相比,我们发现普通的蓝牙耳机的使用步骤是打开耳机、打开蓝牙、选择蓝牙等一系列复杂的动作,而苹果的 AirPods 耳机,取下一只耳机时,音乐会停止,两只耳机都戴上,音乐又会自动启动。这源自对便利性需求的理解。也就是设计的出发点即人的需求有很多,需要通过观察去获得。而人性就更是深层的体验,喜悦、连接等体验都需要洞察。

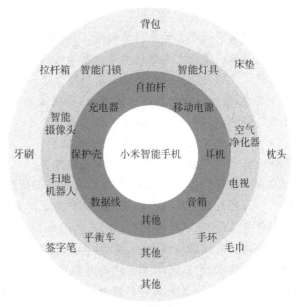

图 5-36 小米产品家族

第二,用底层技术来支撑产品。能够发现需求的不只是苹果或其他企业,但实现需求却很难。苹果能够做出来,是因为他们的底层创新技术开发,比如,AirPods 耳机里集成了全球最好的资源,供应商给苹果提供了体积最小、性能最可靠、技术最先进的元器件。但是有一个东西其他元器件厂商做不了,就是里面达到两耳协同效应的连接芯片,没有一家蓝牙芯片公司能够提供这样的解决方案。在这种情况下,苹果直接做底层开发,研发出了 W1 芯片。

第三,聚焦在一个方向,找到最优解。需求和技术确定后,聚焦才能找到最优解。

因为方向清晰又聚焦,这就能够使团队用一种非常彪悍、高效的方式来运作,对一个方案、一个方向做出无限趋近的打磨。这个是能以小型团队支撑爆品设计的前提。比如,智米在开发小米净化器的过程中,为确定净化器孔的大小,就做了十多个方案(图 5-37 展示了其中 4 个方案)。因为同样都是 5730 个孔,太大了会让净化器显得黑,不好看;太小了会影响进风、出风、过滤,从而影响产品性能。每个方案都是用计算机模拟,数控加工做出实物,检测性能,仔细打磨,最终确定每一个孔的直径为 0.2 毫米。

很多人不能理解,但其实一件产品如果想成为爆品,设计者就应该有这个能力或者信心把它打磨到最好,努力去寻找最佳的平衡点。

第四,沿着锚定的方向迭代。产品获得成功后,又会面临一个新的问题,即"迭代"。因为对手会跟进,而技术也在前进,所以产品要往前走。

图 5-37 小米空气净化器孔的设计比较

这里面有几个需要注意的问题:①要笃定方向。②要做减法,这是硬件产品的一个颠扑不破的思路。③一定要靠技术革新推动升级,不是为变而变。比如,Mac 从 2014 年到今天,基本样式没有什么变化。如果你是一个追求多样性的人,你会觉得设计师太懒了。

其实,Mac 迭代的思路很清晰,它要创造的是一种底层的愉悦感:轻灵的体积内蕴含着非常强悍的运算能力。所以它一直沿着一个非常笃定的思路在前进:收薄、收薄、收薄……

智米空气净化器的迭代也一样,思路就是更简洁、更精致、更强大。所以,新款和老款外观并没有太明显的变化。但新增加的数字显示功能,源自用户对生存环境的评估需求。但能在不明显增加售价的前提下,把激光颗粒物传感器安装进空气净化器,是技术研发来实现的。增加的孔则是提高产品效能的同时不破坏美观。而数字的显示采用 OLED 屏则是为了把光污染值降低,不对用户的睡眠产生影响。

产品从做成爆品到迭代,然后,再往上跨升,就变成升维了。这种升维是如何完成的呢?就是回归需求,意识到现在的产品只是阶段性结果,而非终局,要能不受品类限制,不断积累。比如,iPhone X 的面部识别和 AR 功能,这些技术的积累一定孕育着跃升到下一个层级的能量,最终从量变到质变。他们思考的是,用手机的最核心目的是连接和通讯,如果我们探讨这个需求,那将不局限于手机这个产品本身。

✎ 家电认知训练

1.选择身边的家电产品进行了解,运用 TRIZ 技术进化理论,描述此家电产品所处的产品发展阶段,为后面的设计提供设计方向。

2.根据自己的设计概念进行具体家电产品的设计分析,运用矩阵图的形式表达出家电产品的市场状况、设计定位、设计关键词。

3.根据自己的设计概念进行具体家电产品的意向图收集、整理、分析,运用意象图的形式表达出家电产品的设计风格。

4.请同学们选择一个家电产品,从行业创新的角度出发,运用课堂学习的四个方向,为此产品找到一个新的设计方向定位。

5.了解目前家电产品的流程趋势与设计细节,为设计提供思路与方向。

6.选择小米代表的家电产品,从设计、创新、制造生产等角度进行观察与研究,看一看这个新国货产品成功的原因。

第6章　家电产品造型技法提炼

6.1　提取面片、做包裹

6.1.1　阅读提示

（1）包裹的定义与类别

（2）认知包裹造型的效果

（3）了解包裹的案例

（4）掌握包裹造型的设计应用过程

人的60%的决定取决于第一印象，又可以叫作"最初效应"。产品造型的美学价值也会对消费者产生吸引力，能吸引消费者的造型是一个产品迈向成功的第一步。

工业设计在产品设计中的主要任务之一是产品的造型与形态研究。因为，大多实物产品最终是以一定的形态和造型展现在用户面前的。

往往在设计产品时，内部有很多电子、机械元件，会对外观产生约束。如图6-1所示，学生很容易就做成了方形、球形，而很难在细节上再精进。所以产品要做得看上去轻薄、丰富很难。

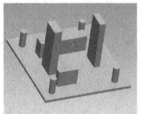

图6-1　产品造型的误区

自从SONY的设计师流行出"包裹"的语言之后，它让人富有强烈的现代科技感，造型也非常饱满充实，很有深度内涵的的感觉。"包裹"就被广泛应用于各种电子、家电产品中。

6.1.2　什么是包裹

包裹主要运用面片的造型元素，使一个形态元素被另一个形态元素所包容，在视觉上被包容元素已经成为包容元素的内部感觉。

如图6-2所示，壁挂式音箱的红色的外壳就形成了一个包裹形式的面片。我们进行问题或矛盾的转化，就可以找到解决方法，为我们解决问题提供思路。

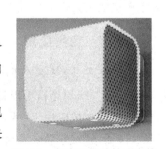

图6-2　包裹形态壁挂式音箱

6.1.3 包裹造型形式

包裹造型方法的常见形式主要有以下 6 种。

第一种是圈状包裹。此种包裹是提取环绕产品一圈的面片,将产品主体包裹起来。

第二种是杯状包裹。这种包裹不仅包括一周四个面,还包括底面。

第三种是片状包裹。它是提取产品的几何曲面成薄片形式,从不同的角度针对产品进行一种半封闭式的包裹。

第四种是布袋状包裹。它是运用曲面面片的形态,以包裹的形式与主体结合,且四边以弧线形内陷,呼应面片的曲面特征,塑造了产品后背的虚空间。

第五种是环绕缺口包裹。这种包裹是在圈形包裹的基础上,剪掉一部分曲面,让主体的一部分外露出来,可以达到增加产品层次感的效果。

第六种是咬合状包裹。它是上下或左右对应的两片面片,呈互相咬合的状态包裹产品主体的形式。

6.1.4 包裹实现效果

第一,它可以增加造型空间的层次感。如图 6-3 所示,后盖采用延伸面片的形态,以包裹的形式与主体结合,且上边以直面片形式外延,呼应面片的直面特征,塑造了产品前部的虚空间,增加了整个造型的空间层次感。

第二,它可以突出产品功能重点。通过包容式组合方式,将功能区域单独设计成灰色区域,使用户更容易发现与理解产品功能,方便操作。

第三,它可以改变产品体量感。不同的包裹方式体现产品侧面的轻薄感不同。针对一些体量感较大的产品如立式风扇、油烟机等,通过包容式组合方式,可将面片之间的体块感向内推进,表现出轻巧、纤薄的感觉,达到减弱产品体量感的目的(如图 6-4 所示)。

图 6-3 包裹实现的效果

第四,它可以产生色彩与材质对比,增强形态的丰富性。由于包裹面片为单独部件,可以为面片设计色彩与材质,形成对比,加强了形态的丰富性。

6.1.5 包裹应用

包裹在苹果、SONY、PHILIP 等著名品牌的产品中应用频繁。

IWATCH 倡导精心设计、精巧构造、精致工艺,苹果品牌将圈状包裹造型方法应用于 IWATCH 等系列产品上,一方面突显产品的 PI 特征,另一方面金属材质的圈状包裹件有效保护了用户随身携带的安全性,同时不同色彩的搭配也可以满足不同用户的需求。

图 6-4 电器产品包裹设计

继 SONY 设计师创始包裹造型方法后,在其新产品的开发中结合产品特点不间断使用包裹造型方法。SONY 在其智能眼镜、防水音乐播放器中使用了片状或圈状等包裹造型方法,加强了产品的色彩与材质对比,凸显出产品科技感与人性化。

PHILIP 作为全球著名品牌,其品牌旗下的家电产品、家庭影院产品造型中较多使用包裹造型方法(如图 6-5 所示)。

6.2 突破方圆的造型

6.2.1 阅读提示

(1)家电产品造型中常见的问题

(2)突破方圆,变胶囊的造型方法

图 6-5　PHILIP 家电包裹设计

6.2.2 造型中常见的问题

首先作为设计课的教师,经常在课程中出现一个现象,由于产品的内部有很多电子、机械元件,对外观产生了约束,学生在建模表达阶段,很容易就做成了方形、球形或者圆柱形,而且很多学生反映产品要做得看上去轻薄、丰富很难,细节精进也很难。

6.2.3 突破方圆,变胶囊

如图 6-6 所示,方加圆就变成了胶囊形状,它被广泛地应用在产品的基本型,以及一些产品的按键、孔形或是各种嵌件。而且胶囊形可以变得很细长或是很粗壮,也可以重复或者阵列出更强大的气场或者微变形,得到更加有趣的表现。我们来看几类案例:第一类是作为产品一个部件的胶囊把手,如胶囊形的门把手设计、胶囊形的一体化提手设计以及胶囊形的杯子把手(如图 6-7 所示),这种造型的改变体现了差异化的设计,提升了产品的价值。

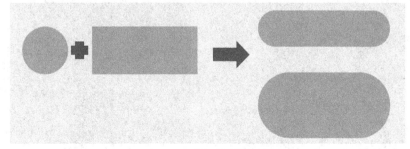

图 6-6　胶囊造型的演变

第二类是胶囊作为产品的基本形。它是产品的一个大形的轮廓,图 6-8 为一个胶囊形的空气净化器设计,一个横截面为胶囊形的柱状设计,还有一系列的胶囊配套产品,有作为底托的胶囊、作为凹槽的胶囊,还有作为产品主体的胶囊音响。这些胶囊形给了我们一种简约、温柔,不违和的感觉。

图 6-7　胶囊造型的把手

图 6-8　胶囊产品基本形

第三类是变形的胶囊。如图 6-9 所示是切了一半的胶囊形,这是一个灯。仔细观察,这个灯表面的凹凸纹理设计,也是切了一半的胶囊形,通过这种变化改变了灯的传统形象。

图 6-9　胶囊造型的变形

第四类是作为细节造型的胶囊形。比如将椅子的腿设计成胶囊形(如图 6-10 所示),吹风机的吹风口设计成胶囊形(如图 6-11 所示),这些细节的运用能够与现有市场上的产品形成差异化。

图 6-10　胶囊造型的椅子腿

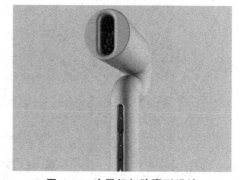

图 6-11　吹风机扣胶囊形设计

6.2.4　突破方圆,设计渐消面

什么是渐消面呢? 渐消面是渐渐消失的面,它是产品设计中的一种造型语言,它的运用打破了中规中矩的产品造型,增添了流畅的美感,在家电和汽车中运用的较多,渐消面的形式有很多种,我们这里重点介绍几类运用的较多的渐消面类型。

第一类是可以增加产品流畅感的渐消面(如图6-12所示)。

这是经常在产品中独立存在的渐消面,其两端渐渐消失于一短边,形似月牙,也称月牙面,这种面可以提升产品流畅感。

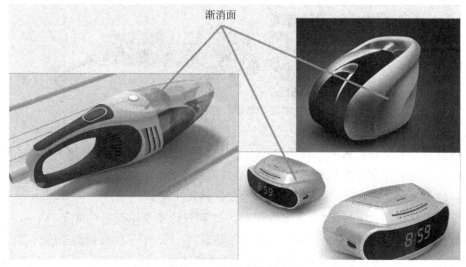

图6-12　流畅感的渐消面

第二类是可以丰富产品层次的渐消面(如图6-13所示)。

这种面是在原曲面基础上分离出一个面或两个面的同时,也伴随着面的渐渐消失过程,这种面增加了产品的层次感,丰富了产品细节,让产品摆脱简单的感觉。

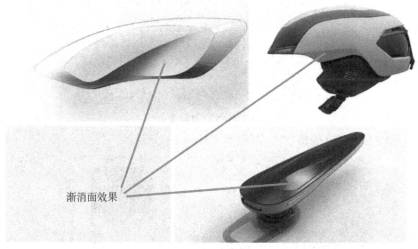

图6-13　层次感的渐消面

第三类是可以凸显产品部件与结构的渐消面(如图6-14所示)。

为凸显某一特征,如出风口、按钮等,在原曲面的基础上增加的渐消过渡面以与其他面分离,达到凸显产品使用特征的效果。

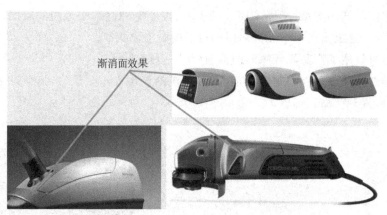

图 6-14　凸显产品部件与结构的渐消面

第三种是突破方圆、几何分型。

几何分型是数学与艺术的经典结合。1937 年,曼德勃罗在法兰西讲课时,首次提出了分形几何的设想。分型几何学是一门以非规则几何形态为研究对象的几何学。由于不规则现象在自然界普遍存在,因此分型几何又称为大自然的几何学。

这个理论在很多领域被关注,在家电产品的造型设计中常用简单的几何、线条、功能点等来进行分型,这种造型语言给人在简约中不失精彩,在矛盾中不失协调的美感。

如图 6-15 所示,常用的有:切面几何分型,它将产品的一个表面切分成凸凹形式的多个小面,达到丰富产品的目的;线条几何分型是运用线条的重复切割,使面丰富化;功能几何分型是根据不同的使用功能,进行表面区域的划分。

图 6-15　几何分型的类型

第四种是突破方圆设计的削切面,其语言如图 6-16 所示。

图 6-16　削切面语言

此削非彼消,这与前面提到的渐渐消失不同,而是刀削面的削。在家电产品设计中,削切面是常用的一种造型语义,削切面是针对面的处理,主要分为内陷削面、外凸削面和外型切削。这种造型语言主要给人一种硬朗高科技的感觉(如图 6-16 所示)。

6.3 造型中的线条魅力

6.3.1 阅读提示

(1)DNA 线条的运用
(2)DNA 线条的延伸应用方法

6.3.2 什么是 DNA 线条?

这个时代人们喜欢的是造型简单与产品的不简单。简洁是一个相对的定义,这是大时代的特征,而小阶段也有自己的流行线条。对于目前这个小阶段,圆角矩形线条就是一个流行的线条,比如苹果笔记本的轮廓线、小米饭煲的轮廓线。图 6-17 里呈现的是苹果将圆角矩形的线条运用到了笔记本电脑、PAD 以及手机的轮廓线,在每个系列产品线的延伸中圆角矩形的趋势越来越明显。

图 6-17 产品轮廓线

图 6-18 展示了非洲、美洲、中国、日本、韩国的美女,虽然她们来自不同的国度,五官虽有差异,但脸部轮廓线基本一致。

| 非洲 | 美洲 | 中国 | 日本 | 韩国 |

图 6-18 不同国度美女

看完美女,我们看下 DNA 线条在汽车品牌中的应用。如图 6-19 所示,一边是甲壳虫汽车的经典款,一边是甲壳虫汽车的新款,将两者放在一起对比可以发现,新款车型轮廓线仍然传承了经典的甲壳虫线条,但在线条的风格上更加硬朗一些。

同样的保时捷的汽车系列(如图 6-20 所示),其 DNA 线条是它的青蛙眼轮廓线,至今也传承下来了,新款也是做了硬朗风的设计。

图 6-19 甲壳虫汽车产品轮廓线

图 6-20 保时捷汽车产品轮廓线

产品的线条不仅可以传递品牌风格,也可以传递产品的价值。如图 6-19、图 6-20 所示,我们将产品轮廓线与对应的产品做个序列对比,会发现左边的产品是低端的、圆润的、现在的、复杂的,右边的产品越来越高端、硬朗、未来、简洁。

6.3.3 分模线

灌注使用的模具大多由几部分拼接而成,而接缝处的位置不可能做到绝对平滑,会有细小的缝隙。在灌注的配件产出时,该位置会有细小的边缘突起即分模线。分模线做好了,产品会更加精致,也可能会因为分模线的优化而得到一个漂亮的造型!那么设计师如何把这条线很好地运用在产品设计之中呢?接下来让我们通过一些案例,来看看优秀的产品设计是如何处理分模线的。

图 6-21 是一个游戏手柄,这里分模线起到了功能区域的划分的作用。通过分模线的处理,区分出 LOGO 区域与操作区域,通过功能区域的划分增加产品的细节。图 6-22 是咖啡机,这里分模线起到了结构性分模的作用,将每一条分模线设计成装饰线,增加了产品美感与细节。

图 6-23 是一个空气净化器,这里分模线设计成了区域分割的一条线,分模线做了曲线处

图 6-21 游戏手柄分模线

理,凸起的位置设计了 LOGO,这样一高一低的设计给予了这个产品独有的特色。

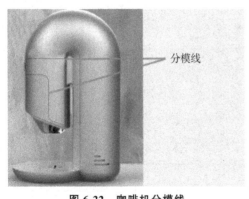

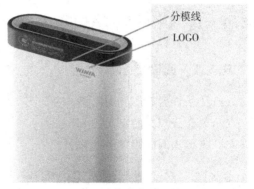

图 6-22　咖啡机分模线　　　　　　　　　图 6-23　空气净化器分模线

图 6-24 是一个鼠标,它的分模线的位置进行了强化,在分模线处加入了灯光等元素,提高了鼠标的自身特色与价值,使鼠标的分模线成为了上下壳之间的亮点,弱化了上下壳之间的分件感觉。

图 6-24　鼠标分模线

如图 6-25 所示这个相机的分模线打破了原有规则形体,分割出了按键的操作区域,增加了舒适感,这个相机以分模线为界线分割出了上下两个部分,并进行了色彩的深浅区分,增加了产品的层次感。

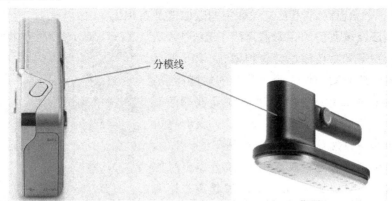

图 6-25　相机产品分模线

线条和产品造型相辅相成,作为成熟的设计师必须掌握线的造型方法,这样才能在此基础上将好的创意表现得淋漓尽致,并利用线条将产品的美感提升到另一个高度!

6.4 造型中的完美比例

6.4.1 阅读提示

(1)产品背后看不见的网络
(2)黄金分割比的定义
(3)完美比例应用案例

6.4.2 产品背后看不见的网络

好的产品会说话,它能够传递产品信息。每个产品背后都有看不见的视觉网格(如图 6-26 所示),这些网格能够帮助我们梳理产品信息,比如产品的创意、色彩、形式、材质、功能,通过网格的分割与区分可以产生对比、对称或对齐的效果,或者整体呈现出和谐、有规律的感觉。

每一个产品的整体与部分,部分与部分之间都存在一定的比例关系,比如黄金比例、中心对称、辅助线(这里包括对角线)、相切圆,还有一些二分之一、三分之一、六分之一的比例式。

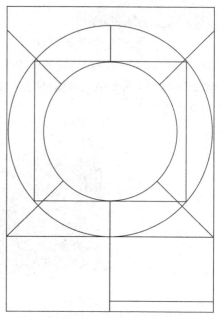

图 6-26　产品背后的网格线

6.4.3 黄金分割比的妙处

什么是黄金分割比呢?黄金分割比是一个比较特殊的数学比例,通常我们会用线段分割来解释这个比例:把一条线段分割为两部分,较短部分与较长部分长度之比等于较长部分与整体长度之比,其比值是一个无理数,取其前三位数字的近似值是 0.618。

黄金比例已经被我们的先辈们运用了几千年,从埃及的吉萨金字塔到雅典的巴特农神殿,从米开郎琪罗为西斯廷教堂所雕刻的亚当到达芬奇的蒙娜丽莎,从百事可乐的 LOGO 到推特的 LOGO,甚至我们的面孔都遵循这个数学比例(如图 6-27 所示)。我们将边长为 1 的正方形与长为 1、宽为 0.618 的长方形叠加,就可以获得一个清晰直观的黄金比例,被分割出来的小矩形同样遵循着黄金比例,即小矩形的长宽之比为黄金比例。如果继续以同样的方式向新的矩形中填充正方形,那么填充的正方形会越来越小。

如图 6-28 所示,最终绘制出来的将会是一个黄金螺旋(而其中的矩形也就遵循着传说中的斐波那契数

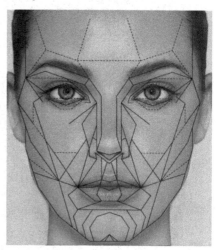

图 6-27　面孔的黄金比例

列)曲线,它所包含的数列遵循的规律是每个数字都是前两个数字之和:0,1,1,2,3,5,8,13,
21,34,55,89,144……最有意思的是,你会发现这个螺旋在自然界中几乎无处不在:蕨类植
物的茎、鲜花、贝壳,甚至飓风(如图6-29所示)。我们之所以会觉得它们在视觉上有着无与
伦比的吸引力,是因为它们在自然界中是最好的。另外,你可以在图6-29的每个正方形中
内切一个圆形,这组圆形同样遵循0.618的黄金比例,拥有均匀而平衡的比例关系。

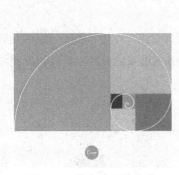

图 6-28　黄金分割的曲线

图 6-29　自然界的黄金分割

这样,我们就会拥有遵循黄金比例的正方形、矩形、圆形,而它们就可以被你运用到设计
当中去。

6.4.4　设计师的造型分割逻辑

任何产品的比例分割都是有逻辑的。如图6-30所示,第一
步,先找到两个边缘的中心线。第二步,以宽为边画正方形。第
三步,绘制正方形的对角线和中线,以确定屏幕的底部边缘线。
第四步,延伸屏幕的边缘线,确定按键的侧边位置。第五步,看
蓝线的位置,确定产品上下边缘线的距离,使上下距离边缘的距
离相等。第六步,将上部分进行三等分,确定按键的大小为三等
分的距离。第七步,在按键的对面确定LOGO的位置,LOGO
的边缘距离外轮廓的距离与按键距离边缘的距离相等。第八
步,完善产品细节。这样我们就清楚地知道这个产品设计师的
思考与网格的布置。从这个产品案例可以看出,产品部件的布
局与划分,部件尺寸的大小都是经过思考的,并不是仅凭借直觉
进行设计的。

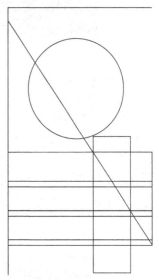

图 6-30　产品造型分割

6.5　提升产品造型格调

6.5.1　学习目标

(1)提升产品格调的方法

(2)LOGO、按键、不起眼位置等地方的细节设计

6.5.2 提升产品格调的方法

提升产品的格调常用五种方法,包括:第一是针对按键这类部件可以变化丝印形状;第二是可以针对面或按键增加纹理;第三是给产品加标识;第四是主要材质与色彩的搭配;第五是在不显眼的位置如背部或底部增加一些设计细节。

6.5.3 丝印变化

如图 6-31 所示这里做个丝印比较,左边是普通的丝印效果,右边是变化了丝印的形状。将丝印的图标图案化,通过图案化的丝印清晰地传递出功能语义。比如,手机的按键图标实现了图案化,空气净化器的操作界面图标都十分形象。

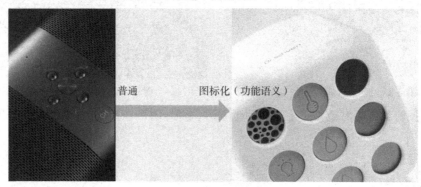

图 6-31　丝印效果对比

6.5.4 加纹理

对于一些无功能、单调的面,通过增加纹理,可以丰富产品的耐看度。如图 6-32(左)所示在圆柱的大表面上增加了凹凸的浅竖纹理。我们也可以在一些产品的部件上增加纹理。比如按钮或者要设计成为亮点的部位,如图 6-32(右)所示红色的部件增加了纹理,更增加了产品的精致感与耐看度。纹理的形态可以是直线,也可以是曲线;排列方式可以横着排,也可以斜着排。通过这些纹理的变化,可以增加产品的细节与精致感。

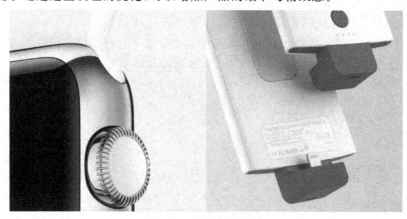

图 6-32　增加纹理效果

6.5.5　加标识

加标识的第一种方式可以运用丝印的工艺加上平面的标识,如手表的底部[如图 6-33 (左)所示]。SONY 产品表面的 LOGO 都是通过丝印效果完成的[如图 6-33(右)所示]。

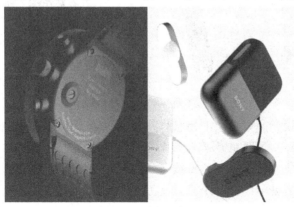

图 6-33　丝印

第二种方式是运用激光镭雕,可以产生具有凹凸效果的标识。小虎音响的产品标识和金属手表底面的浮雕 LOGO 设计是凹纹理的体现(如图 6-34 所示)。

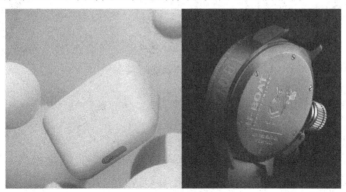

图 6-34　激光镭雕 LOGO

第三种方式是运用丝印的工艺加一些操作说明,比如操作指示、型号说明。产品可以考虑在出线孔处添加操作指示说明,产品表面一圈添加的是产品的型号,这些丝印的数字或字母一般比较小,色彩也以灰色为主,整体看起来不是很显眼,但是仔细观察会发现,可以提升产品质感。

6.5.6　搭材质与色彩

为了提升产品的品质感,可以在产品的一个小部件上进行金属点缀。图 6-35(a)做了玫瑰金的点缀,与黑色形成鲜明对比,互相映衬。在材质方面还可以进行皮革点缀,如图 6-35(c)所示为音响设计了皮质提手,增加了产品的亲和力。另外,还可以进行木质点缀,如图 6-35(b)是针对一些家用的小电器,在它们的支脚处设计了木质感的支撑脚,让家电产品更好地融入家居环境,体现了家电家具化的趋势。

（a） （b） （c）

图 6-35　不同材质与色彩混搭

在色彩方面，一般来说产品以经典的黑、白、灰为主色彩，可以很好地进行混搭，但要更好地凸显产品的亮点与特点，彩色的色彩点缀是个很好的办法。如图 6-36 所示，在水龙头的内凹面设计了亮色；空气净化器设计了直线条的绿色点缀；手持式的这款黑色产品，整体色彩比较沉闷，这时在手柄处的面上设计了一个红色的小方块凹陷面，方块上增加了产品的标识。通过色彩的引入，为产品增加了辨识度的同时也为产品增色。

图 6-36　产品色彩混搭

6.5.7　细节设计

在不显眼的位置进行细节设计，比如侧面、底面、隐藏面。这些地方我们可以加什么呢？如图 6-37 所示，我们可以通过丝印、镭雕工艺等加上产品型号、安全标识。我们还可以在产品的背面加上 LOGO，或者一些产品的小面上加有凸凹效果的产品 LOGO。最后，我们还可以美化产品底部，将一些散热孔进行阵列形式的设计（如图 6-38 所示），或者散热孔形状的变化。比如在底部采用重复的阵列，分布在充电口的两侧；也可将散热孔设计成了渐变大小的孔，第一行小，第二行中，第三行大，这样看上去更加丰富了。

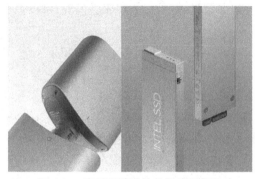 

图 6-37　产品不显眼的位置的细节设计　　　图 6-38　产品底部散热孔设计

6.6 全球家电设计造型趋势风格提炼

6.6.1 阅读提示

（1）什么是设计趋势
（2）如何获取设计趋势
（3）设计趋势的方向

6.6.2 什么是设计趋势？

任何类型的家电产品，在进行设计开发之前，都需要了解家电产品的设计趋势。作为一名家电设计师，在了解了设计趋势的基础上才能确定设计风格、设计方向，才能设计出符合用户需求、顺应时代潮流的家电产品。

我们将设计与趋势拆开来看下。设计是指设定计划，有目标、有计划地进行技术性的创作与创意活动。

趋势是指事物发展的动向，表示一种尚不明确的或只是模糊地制定的遥远的目标持续发展的总的动向。

设计趋势合起来就是通过一定的渠道、计划，去了解设计发展的方向，得到具有创意性的设计思路。

6.6.3 如何获取设计趋势？

获取家电产品的设计趋势的主要渠道是通过国内外有影响力的家电产品展览，图6-39所示为米兰展现场。

图6-39 米兰展现场

这里我们稍微介绍一下米兰展。米兰展从1961年创办到2019年已经有58年的历史了。素有"设计奥斯卡"之称的米兰家具展和米兰设计周，每年春天都会吸引来自全球数以万计的设计师、设计爱好者以及品牌厂商前来参加。米兰国际家具展已经成为全世界设计大师展露才华的舞台，它不仅代表了设计界最先锋的思潮，也是引领设计趋势的风向标。在米兰展上你可以看到家电巨头的最新趋势，如：SMEG携手D&G，更时尚艳丽的外观，让年轻消费者更为青睐，同时水处理等技术的创新也增强了其竞争内核。

Bosch2018米兰国际家具和厨具展览会上，Bosch不仅参加了常规展台，还展示了一种商业建筑概念。品牌自身正在大幅提高其在建筑承包和房屋建筑上的产品和服务范围，如从咨询到规划、设计，再到电器的供应和安装。

由于在创新技术领域的不断研究,Miele还提供了完整的产品系列,从传统的蒸汽烹调、餐具清洗养护,到洗衣机、烘干机。智能解决方案将产生完美的效果,无浪费,同时保护环境和资源。

6.6.4　设计趋势的方向

结合全球米兰展、法兰克福展的最新家电产品分析,全球家电设计风格趋势如下。

(1)简洁、大气

简洁、大气的家电运用简单的几何体作为家电产品的主体,依据产品功能进行简单几何体的搭配,注重几何体的点、线、面的细节设计,辅以干净清爽的配色,凸显出简洁大气的风格(如图6-40所示)。

图6-40　简洁、大气的产品系列

(2)优雅、细腻

运用柔和、优雅的曲线、弧线或者大曲面作为产品形态的主要特征,凸显出家电产品优雅、细腻的感觉,设计时产品曲线要流畅、细腻(如图6-41所示)。

图6-41　优雅、细腻的产品系列

(3)极致、细节

在简洁、大气主体造型的基础上,注重家电产品的按键、灯光、散热孔、操作界面等细节部件的设计,使这些小部件成为产品的亮点,凸显出极致、细节的感觉(如图6-42所示)。

图6-42　极致、细节的产品系列

（4）专业、品质

以方形作为家电产品形体的主体特征，注重产品细节的设计，一方面体现出方正、稳重的感觉，另一方面在按键、出音孔、把手、操作界面等细节方面凸显出专业的品质感。

（5）时尚、感性

以靓丽的色彩作为点缀，以抽象或仿生的形态作为产品的形态特征，凸显出时尚、感性的风格（如图 6-43 所示）。

图 6-43　感性、时尚的产品系列

（6）舒适、体验

营造舒适的人机操作，注重用户的实时体验感，运用互联网、新技术等让用户在操作家电产品时使用方便。使用过程顺畅，甚至会让用户产生惊喜的感觉，带来良好的用户体验感受。

（7）智能、前沿

运用智能、互联网等技术创新传统产品，让用户体验到智能、前沿科技带来的便利、舒适（如图 6-44 所示）。

图 6-44　智能、前沿的产品系列

（8）整体、融合

随着人们居住环境空间与装修风格的变化，特别是厨电领域，流行燃气灶、洗碗机、排气扇等的融合，形成整体的集成灶，改变传统家电种类繁多、放置占用空间，使用方式不统一的缺点（如图 6-45 所示）。

图 6-45　整体、融合的产品系列

（9）跨界、互联

物联网，顾名思义是物与物相连的互联网，是新一代信息技术的重要组成部分。随着物联网技术在家电领域的运用，家电产品如冰箱、洗衣机、电饭煲、灯具等人们日常需要的家电实现了跨界、互联，打破用户使用家电时时间与空间的束缚。应用家居互联 APP 带来超前生活体验感（如图 6-46 所示）。

图 6-46 　跨界、互联的产品系列

（10）层次、立体

目前，许多的家电产品运用简单的几何体作为产品的主要形态，但是简单不等于简洁，如何在简单的几何型上营造出丰富的感觉很重要。因此通过切割、分型、点线面形态的凸起与凹陷、平面立体化、色彩的搭配等方法将产品不同操作区域、不同功能的层次划分出来（如图 6-47 所示）。

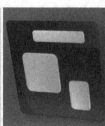

图 6-47 　层次、立体的产品系列

第 7 章　家电产品 CMF 设计剖析

7.1　家电产品 CMF 认知

7.1.1　阅读提示

(1)CMF 的重要性

(2)CMF 与 ID 的区别

(3)赏析 CMF 的设计案例

7.1.2　CMF 的重要性

CMF 即 Color(色彩)、Material(材料)、Finishing(工艺)的英文缩写,这是具有共同认知的字面解释。

近年来,CMF 概念在家电业盛行,国内龙头家电生产企业均设立了专门的 CMF 部门,CMF 课题被提升到前所未有的战略高度。

如图 7-1 所示,作为产品设计的重要组成部分,CMF 设计(材质、成型及表面处理)决定了产品外观的色彩、肌理、表面效果等绝大部分视觉及触觉可感知的方面,CMF 的选择能够极大地改变一件产品的调性,对产品感性意象有着重要影响。所以,在讲究颜值的当下,CMF 的重要性不言而喻。

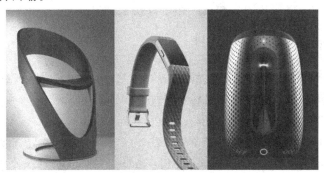

图 7-1　产品的 CMF

特别在当今设计趋同的时代,产品造型多为简洁的几何形态。如果将很多不同公司的产品放在一起,遮住 LOGO,很难区别出哪个产品是哪个公司设计的。如更新换代特别快的米电产品——手机、iPad、黑电类的音响以及厨房小家电等,CMF 则可以在其材质、颜色、表面处理上进行较大发挥,成为差异化设计的主力。正因为如此,CMF 热点更新换代快,设计师需要保持敏感的神经,才能跟得上产品对颜色、材质、表面处理的需求。

既然 CMF 那么重要,作为一名设计师,一般该如何捕捉 CMF 的趋势以及如何应用呢?

最基本的是拿来主义。业界很多供应商有对该方向的专业研究,设计师可以将这些信息收集过来为己所用。

然后是组合。实现对现有产品 CMF 降低成本的开发,以满足降低成本或者低端产品的需求、跨界组合解决产品实际的痛点。

最高层次是颠覆性设计。要达到这种高度很难,比如苹果将 CNC 工艺从打样运用到产品的量产实现。

7.1.3 CMF 与 ID 的区别

CMF 是与 ID 并行的部门。简单说就是 ID 负责产品造型,即产品长什么样子;CMF 负责产品用什么材质、配什么颜色、表面采用什么工艺处理。ID 与 CMF 结合在一起,共同决定了产品在外观上给人的质感与感受(如图 7-2 所示)。目前来说,一些大企业专门设立了 CMF 的部门,但大多小企业及设计公司对于产品用什么材质、配什么颜色、表面采用什么工艺处理都由 ID 决定。

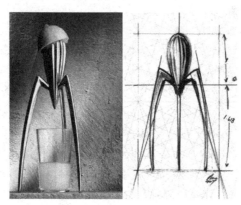

图 7-2 CMF 与 ID 的结合

7.1.4 CMF 的设计案例

在家电产品设计中,"黑电"更注重材料的质感、强度;"白电"则追求材料的可塑性、耐用性;而"厨电""小家电"等其他家电对材料和工艺则有另一套要求。

下面我们看下家电设计的两个案例。

第一个是【2018·CMF 奖】获得者美的冰箱——1+1 年轻化冰箱(如图 7-3 所示)。这款冰箱的设计关键词是小容、多变、好色,这是一款针对年轻人设计的小容积的色彩多变的冰箱。这款冰箱将传统变相门体,拆分为门体和门壳两个部分,这种设计方式将功能与外观彻底分离,在此基础上进行 CMF 创意设计,寻求不同颜色、材质和工艺的最佳组合。

这款冰箱门框装饰条通过卡扣结构连接内门体与外门壳,安装、拆卸操作自如。门框装饰件效果多样,喷涂、电镀、电镀拉丝、水转印等各种效果搭配门壳外观,随心所欲。内门体使用了可回收的注塑工艺,绿色环保;外门壳使用 PMMA 热弯一体成型,运用了多色彩、磨砂质感;箱体钣金成型。

这款冰箱 CMF 设计的创新点:一是自由拆装、随心搭配。这个结构是行业首创,外门框

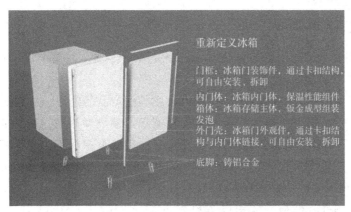

图 7-3　美的 1+1 年轻化冰箱

和装饰边框通过卡扣自由拆装、安装;外门壳和装饰边框可采用多种材料及工艺实现各种外观效果。二是绿色环保。外门壳不参与发泡等苛刻生产环节,降低报废率;内门体非外观面,可采用可回收材料。三是多种选择。质感、色彩细细斟酌,达到外观和手感的最佳平衡。

第二个是【2018·CMF 设计奖】获得者深圳创维-RGB 电子有限公司——超级电视系统环绕音响(如图 7-4 所示)。这个产品是在超级电视系统中实现 7.1.4 全景声的后环绕音响。后环绕音箱屹立在沙发两侧,高挑而精致。

图 7-4　超级电视系统环绕音响

在喇叭布上,经过了多次考究与选择,设计师发现多色布网比单色布网更有想象力和穿透力,于是采用了多彩的极光色,使产品透着时尚而神秘的气息。这款产品的 CMF 设计要点是:色彩运用极光紫、雅致金;材料运用高档、抗菌、经典音响布网;表面处理运用纳米渐变喷绘;图案纹理运用多色渐变彩绘编制肌理。

7.2　家电产品常用材料分析

7.2.1　阅读提示

(1)材料的重要性
(2)塑料、金属、玻璃、木、网布材料的特点

7.2.2 材料的重要性

在 CMF 设计中代表材料的字母是 M,M 是 Material(材料)的首字母。材料是产品设计的载体,直接对产品的工艺、色彩、性能等产生影响。

材料是人类用于制造物品、器件、构件、机器或其他产品的物质。材料选择是工业设计中一个非常重要的环节,对材料的认识和掌握是实现产品设计的前提和保证。工业产品的先进性不仅体现在功能与结构方面,同时也体现在材料的运用和工艺水平高低上。人类经验的获取约有 65% 来自视觉,25% 来自听觉,10% 来自触觉,而经由视觉和触觉传递给消费者的产品信息和造型语言是由材料承载的。

在 CMF 设计中,新材料的应用以及材料的新应用都为 CMF 设计提供了更广阔的空间。

材料在整个产品设计中至关重要,不同产品选取不同材料造型,同一产品因选材不同产品呈现的形象、气质也大不相同。

你知道材料在家电产品的 CMF 设计中占了多大的比重吗?近年家电产品中主要运用哪些材料吗?

材料在家电产品设计中占据了 80% 甚至以上的比重,而剩下的 20% 则集中体现在色彩和工艺处理上。

家电产品这几年的设计中,多以金属、塑料材料为主,并搭配一些环保新型材料。

常用的冲压件金属材料主要有钢铁类材料、铜铝与有色金属、耐腐蚀(耐热)材料三类,塑料材料多为热塑性塑料。不同性能的家电对材料的要求不尽相同。

7.2.3 塑料、玻璃、金属、木、网布材料的特点

第一种材料是塑料。塑料工艺成熟、价格低廉。在塑料材料的使用上,约 90% 为热塑性塑料,其余为热固性塑料。如图 7-5 所示,生活中的塑料瓶都是热塑性塑料,它们可以回收利用,而像锅的手柄所用的塑料一般为热固性的,一旦成型即可成为最终产品,再次加热不会软化或熔化。

在热塑性塑料中,大部分是通用塑料,如 PP、PS、PE 等;在热塑性塑料中所使用的工程塑料主要有 ABS、PET、PC、PMMA。

图 7-5 通用塑料类别

电冰箱用塑料件有果蔬室、内胆、抽屉、蛋架、托盒、门衬条、保温发泡层、密封条等,用量已占电冰箱重量的 40%～45%,涉及的主要塑料品种有 ABS、PP、PE、PVC 和 PU 等。

洗衣机用塑料件有内筒、喷淋管、内盖板、底座、排水管、齿轮、叶轮等,涉及的主要塑料

品种有 PP、ABS、LDPE、POM 和 GFPA。

空调器中除了动力部件、室外机壳和固定板外,几乎都用塑料制成,塑料的使用量占
20%～30%,涉及的主要品种有 PS、PP、AS、ABS。

工程塑料代替钢多用于黑电。免喷涂材料直接注塑特殊色彩。免喷涂可以使制品实现
珠光、闪烁珠光等效果,如在电视底座上的应用。空调、洗衣机、冰箱、电视等运用隔音棉 &
泡沫材料用于消除噪声污染。

第二种材料是透明材料。透明材料主要包括透明 PC、PMMA。玻璃的运用让家电更具
现代感和科技感(如图 7-6 所示)。

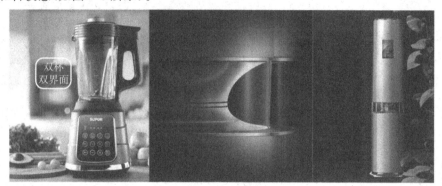

图 7-6　玻璃材料

冰箱、空调、洗衣机等玻璃外壳经过印刷、镀膜等技术工艺处理,形成彩晶玻璃、层架玻
璃、盖板玻璃等。

第三种材料是金属。金属给人一种科技、艺术与高端的感觉。在一些高档的咖啡机、音
响、电视机的支架上等会使用金属。

图 7-7 是美的真金属电饭煲设计,运用了金属一体成型的铝件机身,突破了以往钢板拉
伸金属效果,保证了产品的品质感与整体性。

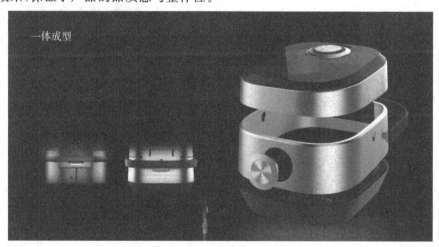

图 7-7　金属材料

目前为更好保证产品质量,空调和冰箱的冷凝管、热水器水箱等逐渐用铝合金取代铜,
洗衣机、冰箱、空调、电饭煲等家电内壳及外胆上则用抗菌母料和纳米铜等金属。

第四种材料是木。木作为天然材料,是一种绿色材料,给人以亲切、舒适的感觉。不同木纹有不同的纹理效果,如图 7-8 所示,用木与塑料或者金属材料在家电产品上搭配使用,不仅可以给产品亲切自然的感觉,而且可以传达出健康生活理念。

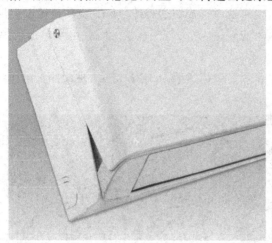

图 7-8　木材材料

第五种材料是网布。网布在黑电和家电上较为常见,纹理多样,色彩丰富。多用于中小音响的出音孔以及家电的出音区域。高档的网布材质在提升档次的同时,又体现出舒适的家居感,将科技与家居巧妙地融合。如图 7-9 所示,常用的有切面几何分型,它将产品的一个表面切分成凸凹形式的多个小面,达到丰富产品的目的。线条几何分型是运用线条的重复切割,使面丰富化,功能几何分型是根据不同的使用功能,进行表面区域的划分。

材料升级是决定家电产品外观升级的重要因素,自然材料如木、网布、石材等的运用逐渐由小及大,金属材质依然是高端家电的主要运用材料,一些新兴技术如 3D 打印正在应用于家电产品。

图 7-9　网布材料

7.2.4　材料创新案例

我们从两个方面来聊聊材料与产品创新的关系:一是新材料的运用,有助于产品优化,强调"材料"这个亮点的外观设计应运而生,因此迫切需要设计师能快速有效掌握材料及工艺发展动态的方法和途径;二是产品外观优化,对材料性能有了新需求,从而引起材料改变。很多发达国家都很注重新材料的研发与传统材料的改进,注重已有材料的性能提高、合理利用及回收再生。

NIKE 在 2019 年最新推出的 Nike Joyride Run FK,一上市就受到了诸多追捧。它运用耐克推出的全新缓震科技,旨在通过减轻冲击来帮助跑者放松双脚。这一颗颗彩色小球远不止这个小球本身这么简单。它的特点是什么呢？它区别于普通的 TPU 或者普通的一些鞋底的特点。每一个小颗粒中间有成千上万个更小的微粒,它能够给鞋带来非常好的回弹,而且在你跑步的时候对你的膝盖或其他的一些关节的损伤非常非常小。这些 TPE 缓震颗粒是塑料和橡胶的混合物,是 NIKE 设计团队测试了大约 150 种材料后,才找出最适合制作这种缓震科技的材质。对于这样一种减震效果非常不错的新材料,NIKE 绝对要在新款的设计上凸显出来。可以看到,鞋底的部分外形很有亮点,科技感十足。前掌的两个透明开窗里面填满了彩色的 Joyride 小球,侧面开窗透明材质和鞋底是一体的,还有一丝丝虚化模糊的感觉,看上去很梦幻。

随着 5G 时代的到来,手机去金属化趋势明显加快。因为 5G 走的是毫米波[毫米波(millimeter wave):波长为 1～10mm 的电磁波称毫米波,它位于微波与远红外波相交叠的波长范围,因而兼有两种波谱的特点],对金属很敏感。如果 5G 手机使用金属机壳,那么会直接屏蔽信号。只有通过非金属来替代原有的金属才是更佳选择。于是厂家把聚焦点放在了玻璃和陶瓷上。陶瓷的加工难度大,导致成本高和产能不足,因此选择陶瓷材料作为机身的品牌不多,大多开始致力于玻璃后壳的开发。

诸多品牌会选择玻璃材质,有三个方面的原因:

一是玻璃对 5G 信号的阻隔小;

二是玻璃材质对信号的阻挡较弱,可支持无线充电;

三是跟风苹果手机。

2010 年,苹果就推出了配备双玻璃机身的 iPhone4 手机,随后玻璃机身开始流行起来。到了 2017 年,苹果发布的 iPhone8、iPhoneX 重新开始使用玻璃材质。苹果公司作为业内的行业标杆,引起其他手机厂商跟风模仿。材质突然从金属换成了玻璃,我们设计师面临的新挑战就是要优化原有的设计,凸显玻璃材质。

新材料产生创新的手段有以下几个方面。

第一,弧形设计。玻璃在中间部位或者边缘都采用了弧形设计。弧度号称能够更加贴合手掌,为打字等功能带来良好手感,3D 曲面显示可以增加可视面积,更符合人类视网膜的弧度,也为观影和游戏带来更好的视觉体验。采用了 3D 工艺打磨技术,边缘变得更薄,看上去像是机身的一部分,而不再是 iPhone4 时代用一整块方形玻璃贴合的感觉。

第二,颜色、颜值。玻璃是透明的,一般研磨硬化好后不能直接拿来做手机后壳。为了达到装饰效果,其需要对颜色纹理进行处理。除了采用传统印刷油墨或昂贵的 PVD 工艺外,更主流的做法是,通过贴膜来实现手机后盖不同的颜色和纹理。

第三,整体感更好。为了避免信号屏蔽,使用玻璃材料后,像 iPhone6 铝合金机身背后裸露的三段白色天线将不再出现。随着新材料、新技术的开发,让我们来猜测一下未来的手机外观将优化成什么样呢？外壳、边框的存在,变为尽可能减少自身的存在感吧。苹果公司首席设计师 Ive 在对 iPhoneX 的评价中称"未来的手机看起来就应该是一个外壳连接一个显示器的样子存在,因此 iPhone 设计的最终极目标就是将手机打造成一片玻璃"。

7.2.5　产品创新促进新材料的研发

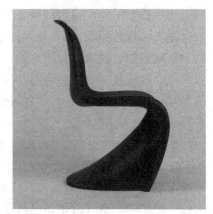

图7-10　S椅

工业产品设计所采用的传统材料会经过组成、结构、设计和工艺改进等方式的处理,全面提高材料的主要性能。如果在整个设计过程中出现新的材料性能,那么该材料就可能发展成新材料。下面我们来看看产品优化促进新材料研发的案例。图7-10是维纳设计的S椅。这是他在设计锥形椅以后,计划设计的一种史无前例的椅子,由一整块塑料一次压模成型,它没有椅子腿。整整三年,维纳苦苦寻找,仍没有找到愿意认真对待这个设计的厂商。他走遍欧洲,期望找到一家愿意生产S椅的厂商,可是这并不容易,最后终于有一家愿意尝试。他们尝试了聚酯和玻璃纤维,然后用泡沫塑料,反反复复地尝试,对多种材料进行细致的研究,经过多年的工艺试验之后,终于成功做出了让人惊叹的成品。但这一梦想还没完全实现,早期的试验品是全手工精制的,之后换成其他塑料的时候,椅子变得脆弱不堪。直到20世纪90年代以后,随着科技的成熟,它才真正实现了低价可靠的量产,使用的是聚丙烯材料。

从这一案例,我们可以看到设计促进塑料材料研发。如今塑料材料构建了我们生活中的诸多物品,大到建筑小到穿戴,因此,同学们学好塑料、理解不同塑料的特性是至关重要的。我们再来看一个案例。一款军用包在普通户外包的基础上做了优化,除了收纳功能、可拎可背以外,还可以在水中充当救生圈。基于这样的设计优化思路,厂家花了很大的精力寻找包面材料,开发防水拉链材料与结构,最终因为这样的亮点成功提高了户外包的利润。

7.2.6　材料与工业设计的关系

工业设计研究的是材料设计而不是设计材料。设计者需要一个简洁、全面的指引,了解目前设计材料、工艺的发展方向,从而拓宽设计思路,实现"设计为人而做,材料为设计所用"的目标。

我们要自己动手接触材料、感受材料。造型设计者应当从社会化生产工艺与造型技术结合的角度深入了解各种材料和制造工艺,形成设计人员创意实现的理论基础,从而有效地辅助产品概念的发挥,推进设计向现实产品转化。

7.3　家电中常用的色彩分析

7.3.1　阅读提示

(1)色彩的重要性

(2)家电色彩常用搭配

7.3.2　色彩的重要性

C 是 Color(色彩)的首字母。色彩是 CMF 设计中的重要组成部分。在产品设计中色彩不仅包括它的纯度、色相、明度,还包括色彩外观展现的所有维度,如光泽度、镜面效果、透明度、半透明度、云母效果等,同时质地和表面结构也会对色彩产生影响,最为根本的还是色彩中所包含的情感联想或体验。

对于家电设计而言,色彩搭配是非常重要的。设计师对色彩的运用不仅追随着变更的街头文化、行为艺术、服装秀等流行元素,还需要思考和探究色彩在不同材质、纹理上搭配的协调性。

7.3.3　家电中常用的色彩搭配

第一种是黑金配。黑色如同暗夜,只有与闪烁的繁星和波光粼粼的海面搭配才更让人陶醉与遐想。黑色的美感也同样存在于与其他颜色的博弈与平衡中。其中,黑色与金色的相遇往往最为奇妙,二者搭配,华丽精致而不失美感,堪称为最合拍的色彩搭配(如图 7-11 所示)。

图 7-11　黑金搭配的产品

作为家居空间的一部分,"黑金组合"这样的经典设计已经蔓延到了家电设计领域。而关于"金色"的定义,人们也试图从金属本身寻找灵感。金属的细腻纹理与黑色的魅惑深邃相融合,可以超越"黑金配"的简单定义,为冰冷的家电赋予了神秘力量,创造出让人沉醉的感官之美。

第二种是银色。银色一直是家电产品比较主流的配色,也会经常作为黑色和白色的点缀色出现在家电产品上(如图 7-12 所示)。

图 7-12　家电银色产品搭配

银色在家电产品中的应用会让产品更加素雅、精致,而且在一些家电产品的色彩搭配中产生强烈的对比效果;通过电镀、抛光、氧化等工艺,在视觉上可以赋予产品高端、时尚的感觉。此外,银灰色可以赋予产品一种稳重、高档、科技的感觉。

第三种是亮黑色。自远古伊始,黑色这种深邃的颜色就让世间的人为之倾倒。与其说黑色是一种颜色,不如称为一种可以将光的色彩虚无化的光学性状态。在建筑领域,以黑色为主色调的"哥特建筑"曾引领欧洲几百年的审美潮流,将这一色彩本身的神秘和精致流传开来,在华丽、干练而神秘的纹理衬托下呈现出空间之美。亮黑色在家电产品特别是黑电、厨电上的运用比较常见(如图 7-13 所示)。全黑色的运用不仅彰显出科技感,而且体现出一种很酷的感觉。此外,亮黑色与金色、银色等色搭配可以产生对比强烈的感觉。

图 7-13　亮黑色的产品搭配

　　第四种是玫瑰金。随着苹果 6S 退出玫瑰金后,很多家电产品开始试色玫瑰金。玫瑰金是一种黄金和铜的合金,其具有非常时尚、靓丽的粉红玫瑰色彩(如图 7-14 所示)。玫瑰金的色泽使产品具有华丽典雅的感觉。黄金与铜配比不同,色泽会产生差异。

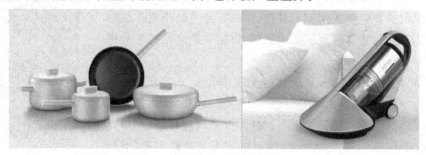

图 7-14　家电玫瑰金产品搭配

　　第五种是彩色。彩色多用于小家电的设计上(如图 7-15 所示),能够彰显出年轻、活力与动感。同时系列化的多彩色彩搭配,给用户更多的选择,扩大产品的用户群(如图 7-15 所示)。扫描近三年的 CES、IFA、AWE 等电子展上展出的家电产品,在消费电子类、小家电产品中,很多品牌在设计上使用了系列化色彩的语言形式。

　　此外,一点点的彩色可以点缀产品,大面积的彩色可以点缀家居环境。

　　家电产品中的色彩随着 IT 产品、电子产品的发展变化而不断地更新,黑色、白色是家电的常用色,黑金配、黑银配、彩色点缀搭配等分别代表了产品的风格。

图 7-15　家电彩色产品搭配

7.4　家电常用的工艺分析

7.4.1　阅读提示

(1)工艺的重要性
(2)家电常用的工艺类别

7.4.2　工艺的重要性

F 是 Finishing(工艺)的首字母。产品设计中的工艺主要包括机械加工工艺与表面处理工艺两类。

机械加工工艺就是改变生产对象的形状、尺寸、相对位置和性质等,使其成为成品或半成品,是每个步骤、每个流程的详细说明。比如,粗加工可能包括毛坯制造、打磨等,精加工可能分为车、钳工、铣等。

表面处理是在基体材料表面通过人工处理,形成一层与基体的机械、物理和化学性能不同的表层的工艺方法。表面处理的目的是满足产品的耐蚀性、耐磨性、装饰性或其他特种功能要求。

CMF 设计师对于工艺以应用为主,通过设计发挥工艺的潜能,表达设计思想。

表面处理是待材料加工成型后对其表层进行机械、物理、化学性后处理的工艺操作。不同材料可根据其表面性质和状态对其进行切削、研磨、抛光、冲压、喷砂、蚀刻、涂饰、镀饰等不同的处理工艺,从而获得不同效果。

7.4.3　家电常用的表面处理工艺

第一种是原色。材料表面不经过任何化学或涂覆处理。反映材料本身的外观特质的处理是原色处理。玻璃、塑料、金属都有自己的原色(如图 7-16 所示)。

第二种是喷涂。用压缩空气将涂料喷成雾状涂在被涂物件上(主要包括塑胶、木器、金属)。喷涂的作用是对物体表面起装饰和保护作用。白电和小家电表面会常用到喷漆、烤漆的工艺,黑电中也常会用到金属漆、UV 漆的喷涂工艺。

如图 7-17 所示,产品分别在把手、连接阀、提手、外壳等部件上都应用了喷漆工艺。

图 7-16　原色产品工艺

图 7-17　喷涂产品工艺

哑光漆是一种经常使用的喷漆。哑光漆一般指涂层光泽度小于 5% 的涂料,通常分为半亚光漆(光泽为 40～60)和全亚光漆(光泽低于 30)两大类,细分可分为三分至八分亚不等的各种亚度的漆,即光泽在 30～80 不等的亚度。

如图 7-18 所示,显影水壶的把手上就用了哑光喷漆,达到了把手表面比较柔和,有点雾状的效果。

图 7-18　哑光漆的显影水壶把手

UV 光油是一种透明的涂料,也有人称为 UV 清漆,其作用是喷涂或滚涂在基材表面之后,经过 UV 灯的照射,使其由液态转化为固态,进而达到表面硬化,耐刮耐划的目的,且表面看起来光亮、美观、质感圆润。

如图 7-19 所示,这款牙刷产品在把柄、按键、操作区域都使用了 UV 光油或亚油,使表面看起来光亮、美观。

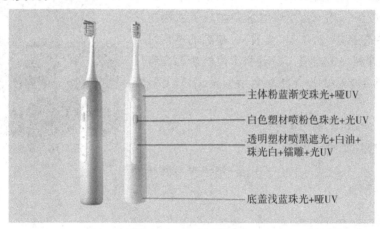

主体粉蓝渐变珠光+哑UV

白色塑材喷粉色珠光+光UV

透明塑材喷黑遮光+白油+
珠光白+镭雕+光UV

底盖浅蓝珠光+哑UV

图 7-19　UV 光油牙刷

第四种是免喷涂工艺。免喷涂材料是一种可直接注塑、无须喷涂即能实现多彩外观效果的材料,既能满足环保法规、保护人体健康的要求,又能为企业节省成本,且随着环保政策日益升级,免喷涂工艺在汽车、家电领域得到了更为广泛的应用。在家电领域,豆浆机、饮水机、电饭锅、热水器、洗衣机、冰箱、空调、电视机等,都在采用免喷涂材料。

特别诸如海尔、长虹、三星等国内外知名家电企业近几年分别推出免喷涂的家电产品,让该项技术的关注度也越来越高。目前,家电领域常用的免喷涂材料有 ABS、PP 和 PC/ABS。如空调主要应用空调面板:高光耐候 ABS 免喷涂塑料,使其具有高光泽、耐候性、耐冲击。空调出风口：耐候免喷涂 PP 塑料。空调室外机格栅：耐热免喷涂 ABS 塑料,使其具有良好的热性能。

第五种是阳极氧化。应用于金属表面处理,主要应用于铝,是一种电解氧化过程。在该过程中,铝和铝合金的表面通常转化为一层氧化膜,这层氧化膜具有保护性、装饰性以及一些其他的功能特性。

如图 7-20 所示,在电视机的边框、音响的外框装饰以及空气净化器的外壳上都运用了铝的阳极氧化效果。

图 7-20　阳级氧化工艺

第六种是电镀。电镀(Electroplating)就是利用电解原理在某些金属表面上镀上一薄层其他金属或合金的过程,是利用电解作用使金属或其他材料制件的表面附着一层金属膜的工艺,从而起到防止金属氧化(如锈蚀),提高耐磨性、导电性、反光性、抗腐蚀性(硫酸铜等)及增进美观等作用。

如图 7-21 所示,在按键、顶盖装饰边框以及空调面板处都使用了电镀,起到美观装饰效果。

第七种水镀。针对各种本体和镀层的需要,配不同的专用"水镀"液,被镀件在室温(15～40℃)下,置于水镀液中,做轻微晃动,在较短的时间内(如镀银,仅需 30 秒)即可完成。

如图 7-22 所示,在电视机的支脚处使用了水镀工艺,实现了科技感与艺术共存。

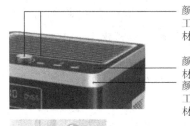

颜色：银色
工艺：电镀
材质：ABS

颜色：黑色透明面板
材质：PC
颜色：防铝
工艺：喷漆
材质：ABS

行业首创,亮雾同体电镀工艺,一个塑料件同时保留仿铝氧化质感和高亮抛光边效果

图 7-21　电镀工艺　　　　　　　　　　图 7-22　水镀产品工艺

第八种 IMD。IMD(In-Mold Decoration,模内装饰技术),将已印刷好图案的膜片放入金属模具内,将成型用的树脂注入金属模内与膜片接合,使印刷有图案的膜片与树脂形成一

体而固化成成品的一种成形方法。

如图 7-23 所示洗衣机的控制面板就是运用了 IMD 工艺,形成了表面拉丝纹理效果。此外,运用 IMD 工艺也可以形成表面点状纹理效果。

图 7-23　洗衣机的控制面板运用 IMD 工艺

第九种是镭雕。利用激光器发射的高强度聚焦激光束在焦点处,使材料氧化因而对其进行加工,效果透光均匀。

第十种是转印。分为热转印和水转印。

热转印:将花纹或图案印刷到耐热性胶纸上,通过加热、加压,将油墨层的花纹图案印到成品材料上的一种技术。

水转印:利用水压将带彩色图案的转印纸或塑料膜进行高分子水解的一种印刷技术。家电产品的 LOGO 应用转印技术,色彩效果多样。

以上是家电产品的表面处理工艺,家电产品设计中,通常都会以 CMF 的设计做出产品差异化、品牌差异化,而表面处理是最能体现产品细节和品牌优势,产品表面的质感、纹理是否匹配产品设计风格甚至与品牌调性契合可以说是在进行二次设计了。

7.4.4　剖析产品新工艺运用案例

小米手机 4 是一件掌中工艺提升的艺术品。精心打磨的不锈钢金属边框、镁合金轻盈构架成就了坚固的机身,超窄边屏幕的精妙设计,宛如艺术品般的后盖赋予了小米手机舒适的手感。

下面我们以小米手机 4 为例来看看它运用了哪些机械加工工艺。

(1)锻压成型

为了使小米手机 4 边框具备好的韧度又有足够的强度,运用了 8 步锻压工艺流程。首先冲压下料,在钢板中间冲压打孔,这些孔洞可以在后续加工中固定钢板,再用百吨级大冲力拉伸、油压机锻压,初步锻造外形,然后进行退火等工艺处理钢材,再精锻、清洗。

(2)CNC 数控机床铣削加工

小米手机 4 边框为保障整机的品质,提升 CNC 工艺的加工精度,运用了 8 把机床铣刀,8 步 CNC 数控机床精密加工技术(如图 7-24 所示)。先着重完成边框外形、天线隔断槽、小斜面等部分,再局部精铣出 0.6mm 的 45 个喇叭孔和耳机孔、按键孔。每一步 CNC 加工后都会进行一轮"清洗—去毛刺—清洗"处理,确保没有残渣干扰到下一步加工。

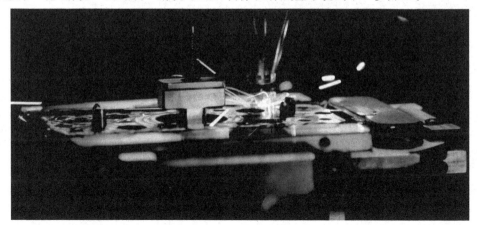

图 7-24　CNC 加工

（3）激光切割

为了更好地使边框与废料分离,完成精致的边框工艺,小米手机利用镭射聚焦在钢板和边框的连接点上,使不锈钢瞬间气化,再经过多位技师手工打磨,去除各切割段的毛刺和残留物。

（4）CNC 雕琢小平面

为了更好地保护触摸屏幕,运用 CNC 技术铣削斜角亮边的同时,在边框上边缘雕琢了一个小平面,整个小平面仅 0.3mm。

（5）注塑工艺

为在使用手机时,手指手掌不会接触到信号槽的位置,不会导致边框连通,从而优化信号质量,小米手机 4 将天线隔断槽的切割点放置在边框的上下两侧,并在其中进行注塑隔断处理,避免连通。

然后我们来继续了解下,小米手机 4 还运用了哪些表面处理工艺来提升产品质感。

（1）陶瓷喷砂工艺

为了使手机表面达到婴儿般皮肤质感,小米手机 4 先用油墨在亮边上喷涂,烘烤后形成保护层。再使用砂轮粗磨要喷砂的侧边框,降低表面粗糙度,以达到喷砂所需要的精度与表面细节。随后以压缩空气为动力,使用若干把喷砂枪全方位将硅英锆高速喷射到侧边框及背部弧面,直到表面达到婴儿般皮肤质感。此外,为保证每台小米手机都有同样高的手感,每两天换砂一次,更换频率比普通加工高 1 倍以上。

（2）表面抛光工艺

为了让手机边框展现出耀眼的光芒,小米手机 4 进行了三轮表面抛光处理。第一轮进行粗磨,处理整个边框的外表面,持续百秒去除铣削的印记。第二轮进入湿抛中抛工序,配合抛光蜡深度清除残留的粗糙位置。第三轮通过镜面抛光工艺对小斜面完成最后一次抛光,直至展现耀眼光芒。

（3）Edge Coating 边缘图层工艺

为了更好地保护屏幕,小米手机 4 使用 Edge Coating 技术。在触摸屏边缘增加了一圈

0.05mm 边缘图层,降低跌落时边框与触摸屏"硬碰硬"时候的冲击力,从而保护屏幕(如图 7-25 所示)。

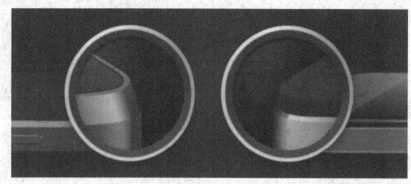

图 7-25　边缘图层工艺

(4)IMT 膜内转印工艺等

为了体现出手机后盖的精美纹路,小米手机在一片厚度仅 0.8mm 的后盖进行了诸多的加工工艺。

首先采用 IMT 膜内转印技术,内含 9 层膜材,并在纤薄的后盖中加入线条细至 0.06mm 的精美纹路。

其次,为了从不同角度观看到不同质感,设计师结合光栅纹路灵感,使其同时具备光栅视觉效果,并在纹路上方覆盖多层膜材,防止纹路磨损并减少使用过程中易于留下的指纹。

7.4.5　产品工艺创新变化内涵

工艺在产品创新变化的内涵包括哪几个层次?

(1)机械加工工艺

为了提高产品的品质,机械制造的工艺必须可靠、精密。如小米手机 4 的锻压成型、铣削加工、激光切割、注塑等都是机械加工工艺,在铣削加工中运用 8 把机床铣刀,8 步 CNC 数控机床精密加工,激光切割加工后要进行 3 重检验确保品质,就是在不断地提高机械加工的可靠性与精密性。

(2)表面处理工艺

为了更好地保护、美化产品,满足用户个性化需求,提升产品的价值,表面处理已经成为产品不可或缺的一部分。表面处理工艺的种类很多,主要包括金属件与塑料件的表面处理工艺。如小米手机 4 运用的陶瓷喷砂工艺、表面抛光工艺、边缘图层工艺、IMT 膜内转印工艺都是产品的表面处理工艺。此外,还有很多表面图案的处理工艺,如水转印技术,可用于注塑件与金属件。

请各位同学利于课余时间阅读《史上最全多样化的产品表面处理工艺整理》,更多地了解常用的产品表面处理工艺。

所谓加工工艺,是将一块材料变成一个可用、可赏产品的过程。提升产品工艺设计,融合工程与艺术,可以强化产品表面质感,简化产品复杂结构,使产品焕发出生机,达到高级别的精密与品质。

案例

一圈一度厨房电热炉设计

一圈一度厨房电热炉设计,主要从发现问题与问题分析、设计定位、产品加热原理研究、产品设计效果、产品动画演示、产品实物演示六个方面进行介绍。

第一,发现问题与问题分析。生活情景中我们会发现下面的几个问题。

第一个生活情景,一些老破小的区域,大概房屋面积在30～70平方米的老住宅租房客面临的问题是装修简陋,厨房电器陈旧,易坏易换,不用的时候加热、煮饭器具占空间,移动不方便,而且对于频繁搬家的租房客来说锅具携带也不方便。

第二个生活情景,目前单身一族越来越多,他们工作繁多,已经适应了快节奏的生活方式。对他们来说,早上能有一杯热牛奶、一块面包加一个鸡蛋,晚上回家能有一锅饭加一份小菜就是比较舒适的感觉了,而且他们经常会搭伙吃饭。所以需要一个占用空间少、多功能的加热器具。

第三个生活情景,每天上班的办公室一族中越来越多的人注重养生,担心每天午餐的问题,如饭菜卫生与吃饭去处问题。但如果在办公室里,放置一个加热器具会显得占用空间大,存放又成问题。

第二,基于以上的情景,电热炉的设计定位是针对30～70平方米,单身公寓与办公室设计的一款不占用太多空间、实现多锅同煮、操作简单的加热器具。

第三,对产品加热原理的研究分析。我们研究了热导管、加热板、电磁涡流、远红外加热板等加热装置(如图7-26所示),最终选择了加热板作为加热载体。

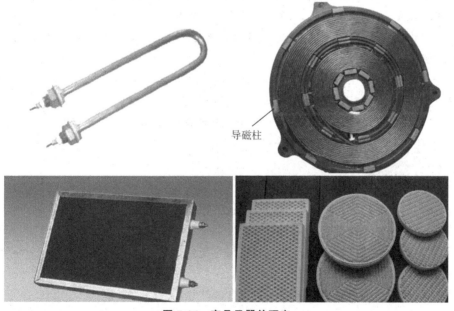

导磁柱

图7-26 产品元器件研究

在加热原理的解决方面,为解决隔热问题,我们在加热板下面设计了隔热板,这些元器件放置在耐热的塑料底壳上(如图7-27所示)。

图 7-27　加热原理设计

第四，产品设计效果。最终产品设计效果如图 7-28 所示，我们以白色为主色调，绿色作为点缀色包裹在加热圈的支架上，电热炉上分别设置了三个开关，开关状态显示在显示器中，便于用户观察，避免误操作，提高电热炉使用的安全性。

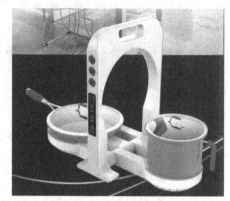

图 7-28　产品设计效果图

设计方案完成后，我们开始制作产品模型，在产品模型阶段最困难的是装配，由于部件与部件之间的连接结构都需要设计，加热板的尺寸有限，电热器的外壳尺寸受限等都给产品模型带来了难度。我们将每个部件的装配关系整理清楚，细到一颗螺丝钉的装配，最终完成了产品模型，达到预期效果。

一圈一度厨房电热炉实现了多种加热模式，中电热盘、大电热盘、小电热盘的加热功率不同，三个加热板进行组合可提供 6 种加热模式，满足不同的蒸煮需求。实现了两锅同时使用，满足朋友聚会需求，实现可煮、可炖、可炒等多种功能。

此外，这款收纳、移动方便，不用时可将加热板旋转放置在加热圈支架的容纳腔中，放置在桌面上，节省空间。

这是大二的三个学生进行创意、设计、制作的一款创新产品。此产品获得了国家发明专利。通过这个产品的设计过程，这几个学生一方面体验了整个产品的设计开发流程，另一方面也感受了创意设计与产品落地之间的差距。好的设计是需要进行模型制作的，是需要进行体验调整的，也是需要进行市场检验的。

家电认知训练

1.选择一个具体的家电产品，分析其材料、工艺与色彩。

2.分析一个家电的制造加工工艺与表面处理工艺的工艺点。

3.不同色彩的搭配会带来什么样的风格与感受？

4.思考下产品的质感从何而来。

5.挑选一个合适的设计竞赛进行创意设计的体验。

第8章 家电中的人机交互设计分析

8.1 走进交互设计

8.1.1 阅读提示

（1）交互设计是什么
（2）人机交互是未来科技发展的关键的原因
（3）主要的交互技术有哪些

8.1.2 交互设计是什么？

首先我们来认识下交互设计。交互设计简称 HCI，由 IDEO 的一位创始人——比尔·莫格里奇（如图 8-1 所示）在 1984 年一次设计会议上提出——任何产品功能的实现都是通过人和机器的交互来完成的。在英国出生的莫格里奇，以设计"扇贝"式翻盖笔记本电脑而知名，他所设计的 GRiD Compass 电脑，获称首款现代笔记本电脑。

图 8-1　比尔·莫格里奇

我们生活中的交互设计有哪些呢？比如每天早上起来，拿起手机，你就在与手机这个机器做交互；你使用 iPad、iWatch、电脑进行工作或交流的时候，都是实行了人机交互；而在一些科幻电影和我们现在的生活中，任何一个物体或产品都可以与你进行交互，特别是鼠标、游戏机等。

观察两个键盘的设计案例（如图 8-2 所示）。好的设计遵循了人机工学，方便用户的使用。拙劣的设计表现在视觉混乱，每个键上有太多的图标，键盘大约有 60 厘米高，使用很不舒适，常被置于未经训练的打字员的腕下；另外，键盘的布局不合理，经常造成用户不小心就按到了，光标就跑到了屏幕的最上端。

图 8-2　键盘人机设计对比

那么,大家思考下,交互设计是为何产生的呢?其实我们在使用网站、软件、消费产品、各种服务时(实际上是在同它们交互),使用过程中的感觉就是一种交互体验。

当计算机刚研制出来时,可能当初的使用者本身就是该行业的专家,没有人去关注使用者的感觉;当计算机系统的用户越来越多地由普通大众组成时,对交互体验的关注也越来越迫切了。随着网络和信息技术的发展,各种新产品和交互方式越来越多,人们也越来越重视对交互的体验。

我们发现交互设计就是以用户体验为基础,设计出符合用户背景、使用经验、操作感受、用户爱好与用户环境的产品,让用户使用时感受到使用愉悦,符合逻辑,有效完成并高效使用(如图 8-3 所示),概括地说交互设计是指设计人和产品或服务互动的一种机制。

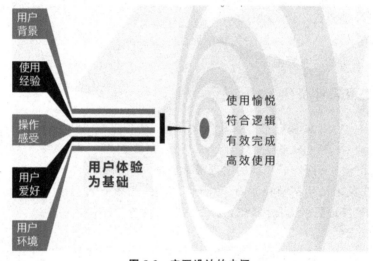

图 8-3　交互设计的内涵

8.1.3　为什么人机交互是未来科技发展的关键?

我们来思考一个问题,当有一个人想开着汽车撞墙,人机交互要如何设计?我们可以在汽车玻璃的位置设计人机交互界面,设计虚拟现实交互系统。当预测到这个人的反常行为时,让车前玻璃成为一个界面模拟出车撞墙的虚拟现实状态,同时让车制动。从心理上满足这个人的感受。

我们再思考下,为什么短视频网站让人沉迷。因为这些平台会搜集用户的海量数据,并根据数据来推送给你想看的、你喜欢的视频,所以你会发现它懂你。

人类作为一个生物体,他的潜力还未被完全开发出来,而未来人机交互科技,很可能帮助人们更好地发挥大脑和身体的潜能。比如埃隆·马斯克正在研究脑机接口的技术,未来人的意念就可以控制计算机或者一些产品;还有近年来兴起的一些可穿戴技术,将电脑装机在人的手部、眼部等地方,来发挥我们身体的潜能。

我们可以看出,人机交互技术具有的可预测性是人机交互的关键,大数据是人工智能的武器,深层交互开发潜能是未来的趋势。而交互设计师的作用就是翻译(将产品的逻辑解释给用户听),架起用户和产品之间的桥梁(如图 8-4 所示)。要想成为交互设计设计师需要学习计算机科学、心理学、人机工程学、设计学、人类学、艺术学等。交互设计是一个多学科交叉、高度融合的设计。

图 8-4　交互设计师的作用

8.1.4　交互技术有哪些？

目前主要的交互技术包括语音交互、数据交互、图像交互、动作交互四种方式如图 8-5 所示。

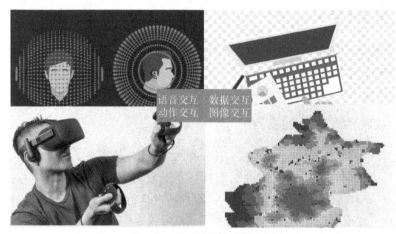

语音交互　数据交互
动作交互　图像交互

图 8-5　交互设计技术的类别

语音交互以说话的方式来实现用户与产品之间的交流，主要包括语音输入、语音识别、语音合成的技术，主要应用于音箱、车载导航等产品。

数据交互用于用户与产品之间，用户输入信息为数值、数字、文本，计算机实现信息的存储分析，并通过这些信息进行人机交互。

图像交互，顾名思义就是以图像为载体进行人机交互的技术。我们来看一个案例——谷歌的《猜画小歌》如图 8-6 所示，这款由谷歌研发的小游戏，其实跟大家熟知的《你画我猜》差不多，但这次猜的对象变成了谷歌的 AI 程序。玩家需要在 20 秒之内画出给定的题目，如果 AI 小歌在这个时间段内猜出来，就成功通关进入下一个词语。首先，我们需要准备一台 iPad 和一台可以搜索图片的工具（手机或 PC 都可以）。其次，在 iPad 上

图 8-6　谷歌猜画小歌

打开《猜画小歌》并开始游戏,遇到难的词语马上在搜索工具上找图,然后根据图片画下来。这时候大家可以思考下:你画的画能让谷歌猜出来吗?它的原理是什么?它其实就是先将图像输入机器,即输入使用者画的画,让机器进行识别的过程,同时你会发现画得越多,识别得越准,因为机器具有自我学习功能,就是不断地对它进行训练。通过训练,《猜画小歌》储存了很多图片数据库,这样你就会发现,它越来越精准了。

动作交互就是通过动作来传递信息的交互形式,比如流行的 VR 眼镜就是使用动作交互的产品,其具体内涵是综合利用计算机图形系统和各种现实及控制等接口设备,在计算机上生成的、可交互的三维环境中提供沉浸感觉的技术。

家电产品正在从传统技术过渡到智能交互,如何更好地运用这些交互技术为产品服务,如何发挥智能技术的重要性是需要设计师发挥重点作用。

8.2 交互界面的形式

8.2.1 阅读提示

(1)从硬件到软件的交互
(2)UI 界面的成长
(3)UI 界面的类别

8.2.2 从硬件到软件的交互

我们来了解下人与产品的交互过程。首先把人、硬件与软件分为三个区,人的大脑指挥着人的眼睛、耳朵、手与嘴巴,人用人的五官操作产品硬件,通过产品硬件中的人机交互界面,比如屏幕或 APP 等输入信号到产品软件,软件通过智能芯片的反馈,再输出到产品的硬件,通过屏幕让人接受到反馈,这个过程就是人与产品交互的过程。

在我们的生活与工作中,一般来说用来交互的硬件包括键盘、鼠标、电脑、游戏手柄等,这些硬件影响我们交互的效率,主要表现在人机性的设计是否优良。我们来看下手机这个硬件的发展过程,由传统的大哥大,多而密集的按键操作,发展到屏幕开始慢慢变大,实体的按键越来越少的过程。

再看苹果公司 iPad 的发展过程。iPad 的体量感越来越大,它的屏幕设计得越来越大,因为人使用时这样看得更清楚,操作更便利,同时与 iPad 的交互方式,由原来手触控,变成了触控笔,能够操作得更细致、更灵活,延伸人手的功能。

图 8-7 是人眼睛的潜力拓展产品——眼动追踪设备。如果用眼睛来控制电脑将会怎么样?如果用眼睛来控制驾驶将会怎么样?如何用眼动设备来捕捉你的注意力将会带来巨大的商机。图 8-8 就是通过眼动设备捕捉的注意力热力图。在这张图中,我们可以清晰地看到用户的注意力所集中的位置,所以对于设计有很好的指导作用,我们要把关键的信息放在用户的注意力点上。

图 8-7 眼动追踪设备

图 8-8　热力图

8.2.3　UI 界面成长

UI 是什么？UI 就是用户界面的简称，泛指用户的操作界面，包含移动 APP、网页、智能穿戴设备等。UI 设计主要指界面的样式，美观程度。而使用上，对软件的人机交互、操作逻辑、界面美观的整体设计则是同样重要的另一个门道。

UI 界面的成长伴随着电脑界面的成长，1973 年 Alto 发明操作系统的个人电脑；1983 年 1 月，苹果公司发布了 Lisa 办公系统，最大的亮点是支持 3.5 英寸的软盘，能够最小化、关闭窗口，复制文件等；1985，Amiga 一经发布就引领时代，它包括高色彩图形、立体声、多任务运行等特点，这使得它是一款极好的适合多媒体应用和游戏的机器。

2000 年，苹果公司推出全新的 Aqua 界面，Aqua 界面最大的变化是涉及了渐变、背景样式、动画和透明度的应用，有着更好的用户体验。

2001 年发布了拥有全新用户界面的 Windows XP，该界面支持更换皮肤，用户可以改变整个界面的外观和感觉，默认图标为 48×48，支持数百万种颜色。

2007 年 Windows Vista，微软用了桌面小工具取代了活动桌面，2007 年苹果公司发布了第 6 代 MacOSX 操作系统，再一次改进了用户界面。基本的界面仍为 Aqua 和水晶滚动条，加入了一些铂灰色和蓝色，dock 和更多的动画及交互使得新界面看上去有着更丰富的 3D 效果。

接着 2009 年 Windows 7 系统发布，2012 年 Windows 8 系统发布，2015 年 Windows 10 系统发布（如图 8-9 所示），现在又迎来了 Windows 11 系统。

图 8-9　Windows 2009—2015 年界面发展

界面的成长过程就是它的进化过程，图 8-10 是手机的人机交互界面的进化过程，从小屏幕发展到大屏幕、从多按键发展到无按键、从按键交互形式发展到触屏交互，可以看出界面的重要性。界面的发展越来越需要对用户友好，注重用户无意识的行为，设计出更符合人的自然行为的界面设计。

图 8-10　手机的界面发展

8.2.4　界面的类别

目前来说,图形界面主要运用在电脑、手机、物联网的一些产品界面中,其中物联网的产品有智能家电产品、可穿戴智能设备、车联网产品等。

最常见的界面的形式是电脑的网页设计、手机的 APP、H5 页面设计与智能产品。下面我们看几个界面设计的案例。第一个是电脑界面的网页设计,这是一个音乐交互界面(如图 8-11 所示)。首先进行界面分区设计,将界面的主要功能分区在原型图中规划出来,比如导航条、主图展示、推荐歌单区域等,然后在功能分区中放入对应的图片与文字。

图 8-11　音乐交互界面

日常生活中大家最熟悉的就是手机的一些常用的 APP,展示出来的就是 APP 的图标设计,比如微信的图标、QQ 的图标。这些图标的符号性与指示性需要准确地表达出 APP 的内涵。

用于手机浏览内容的界面一般称为 H5 页面,它的尺寸一般 740×1136p,这个尺寸是适合手机屏幕大小的页面尺寸。

最后是智能产品的界面(如图 8-12 所示),常见的包括智能手表、车载导航仪,只要带有屏幕的智能产品都会涉及界面设计,尤其是一些智能家电产品,在此类产品的界面上会设计若干小 APP。

图 8-12　智能产品的界面

　　UI 界面目前已是家电产品的主流发展趋势,针对不同的产品需要大家了解 UI 界面风格与趋势,为我们的智能产品设计增加科技感!

8.3　UI 界面设计原则

8.3.1　阅读提示

　　(1)页面构成的要素
　　(2)版式设计的重点
　　(3)质感设计的样式
　　(4)形态设计的要素
　　(5)色彩设计的技巧
　　(6)字体设计的技巧

8.3.2　页面构成的要素

　　页面视觉构成的几大要素,在一个完整的页面的视觉设计当中,我们可以把其几个核心视觉点进行拆分,单独罗列。比如在一系列页面设计中,我们可以将它理解为几大核心点,即"版、质、形、色、字"。

　　版——版和格栅,版式间距会直接影响到页面的张力及空间感。

　　质——页面风格,肌理维度、整个产品视觉调性。

　　形——大面积区域的形状,控件尺寸比例、图形形状的统一性。

　　色——颜色风格,页面色相、彩度、明度整体风格统一性。

　　字——字体的样式,字体、字号、衬线、内容识别性。

　　像这些核心元素,我们可以对其进行刻意练习来提升综合的视觉基础能力。不过首先我们需要对其进行理解并梳理。

8.3.3　版式设计的重点

　　何为版?在界面设计当中,版式会直接影响到用户对该页面的理解能力,良好的信息传达力离不开科学的组织布局。信息之间层级关系的罗列展示非常重要,恰当的布局能直接通过视觉力来暗喻信息之间的层级关系。作为页面核心骨架,是我们最需要进行练习的内容点。

版面设计重点一是亲密性。同类相近,异类相远,信息联系紧密的间距相近,不同性质间距要远,如图 8-13 所示,左图将 01 的内容归类在一起,右图的排版与之比较,正好相反是错误的。

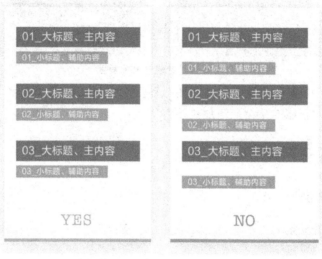

图 8-13　版面设计重点亲密性

版面设计重点二是注意节奏性。如图 8-14 所示,京东金融应用程序的间距是以 4 为单位进行倍增,但用的则是较大的间距 24,28,32,36,40,44。全球房源的应用程序是以 12 为单位进行缩放,如 12,24,36,48,60,不同的栅格比例传递的情感也是不一样的。

版面设计重点三是黄金比例。如图 8-14 所示,黄金比例是在 UI 设计当中用得较多的一个比例,此比例通过了自然界各大数据的验证,天衣无缝。

在实际项目中,使用黄金比例的作品往往得运用黄金分割,我们也可以使用黄金比在线计算工具。

图 8-15 中我们看到除了黄金比例,其实还有白银、铂金等比例,这类比例也是具有较多的美感的,相信很多人不知道,这个黄金比例在线计算工具,推荐给大家。

京东金融App　　　　Airbnb

图 8-14　版面设计重点节奏性

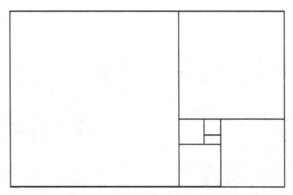

图 8-15　版面设计重点黄金比例

8.3.4　质感设计的样式

何为质？质是视觉语言组成的重要部分，页面的风格特征、肌理虚实都靠它来表达。产品的质地风格应当与产品的整体形象保持一致，是多个页面统一风格的重要组成元素。好的质感表现不仅能帮助用户认识及记住产品特征，更能让产品迅速拉开与同类其他产品的差距，做到别具一格。

质感推荐的样式一是大卡片，轻投影式。这种风格在 iOS11 后更是变得普及起来，因为微投影能在很好地拉开层级、提升空间感的同时，还能让页面变得更为细腻。像苹果公司的 Appstore 跟大量其他产品，都使用了这类较为不错的样式。不过要注意的是，如图 8-16 所示，渐变样式不能太过厚重，页面留白要大。

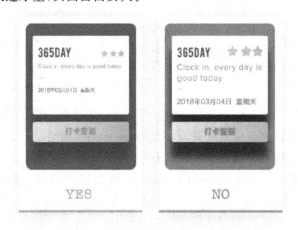

图 8-16　版面设计重点轻投影

质感推荐的样式二是高纯度渐变，弥散投影式。近年来，渐变风又开始变得流行起来，不过跟以前阴影较为厚重的渐变相比，新的渐变样式变得更为扁平、更为轻量化。在 Dribbble 流行起渐变风之后，国内各大应用也开始使用流行起来，淘宝与京东金融、优酷、饿了么等主流应用开始纷纷效仿。如图 8-17 所示，同样在渐变的配色方案中，不适合多类颜色同时渐变，渐变的两个颜色在一个色系上进行微调即可。

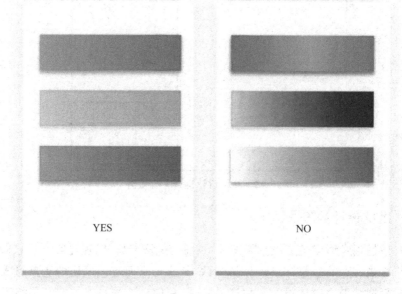

YES   NO

图 8-17　质感推荐的样式二——高纯度渐变

质感推荐的样式三是轻拟物。在经过扁平风的洗涮之后，拟物风仍保留了一席之地。目前轻拟物的视觉主流更多的是在扁平的基础上加些拟物的元素，在汽车终端、智能家居等物联网系统尤为多见。如图 8-18 所示，与传统的拟物风相比，现代的拟物风变得更为简洁，主要层级信息变得更为突出。通过视觉明暗，来拉开不同信息的层级关系。

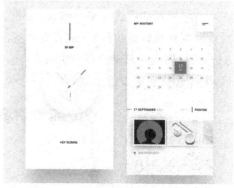

8.3.5　形态设计的要素

图 8-18　质感推荐的样式三轻拟物

何为形？形决定着整个产品线的调性，能直接将产品所蕴含的情感文化通过视觉表现传达给用户。无论是按钮的圆角比例，还是图标的统一性，都是形的重要组成部分。而在 UI 界面设计中图形更多地体现在图标及按钮上，这里可以尝试这种方法来提升形的统一感。

形的要素一是要有统一的图标风格。在图标设计中，首先要把控好图标视觉语言的核心，以较为常见的线性图标为例，其中就包括描边线宽、圆角、断点方式、点缀、颜色填充类型和图标重心。

形的要素二是要有统一的图形元素。图形也是一个尤为重要的元素，直接决定着一个企业的品牌形象。在界面设计中使用品牌图形能让用户牢记品牌形象，让产品快速抢占市场，提高用户比。如天猫、京东、QQ、网易云音乐等优秀产品，在这块就运用得非常巧妙。天猫使用了大量猫头的形象；如图 8-19 所示，网易云音乐则提取了唱片的元素，整个图标风格都使用了较为圆润的造型。

优秀案例——图片素材来源于网易云音乐APP

图 8-19　统一的图形元素

8.3.6　色彩设计的技巧

何为色？色往往在人感官中留下第一印象。想要合理地运用颜色，其实并不容易。其实在界面设计中，对于选择配色方案就好像比穿衣服一样，颜色越多越花哨，整个档次感觉越低。跟传统的空间设计一样，在大部分界面设计中，一般使用三种颜色就够了，除非设计师拥有者非常高的配色驾驭能力，不然整个页面就会显得较为花哨，影响信息传递。下面，我们可以使用两个小技巧，来帮助你提升配色的能力。

色彩使用技巧一是使用情绪板决定主色调。如图 8-20 所示，通过场景关键词，收集相应的图片素材，使用情绪板来创建颜色，能更好地帮助设计师完成对产品情绪的理解，同时提高工作效率流程，并且能让界面设计更符合用户的预期，完成产品目标需求。设计出的方案也更具有说服力，能更好地帮助设计师拿到产品视觉设计的主导权。

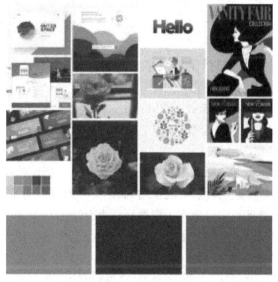

图 8-20　色彩情绪版

色彩使用技巧二是六三一原则。如图 8-21 所示,所谓的六三一原则就是在空间设计中,通常主色调占 60％,辅助色占 30％,突出色占 10％。其实在界面设计中也是一样的,设计稿中颜色不宜过多,不同色系最好不要超过三种。

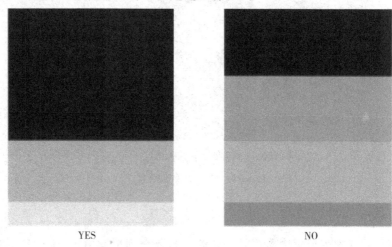

YES   NO

图 8-21　色彩使用技巧六三一原则

8.3.7　字体设计的技巧

何为字?字的形状及样式会直接影响到信息传递的速度。所以根据不同的场景,使用不同的字体样式也是极为重要的。

对 UI 设计师而言,理解字体也是一个必不可缺的技能。这里也给大家提供几个小技巧,帮助大家提升对字体的理解能力。

字体使用技巧一是合理地使用字体样式。在做界面设计时,永远要把内容的可读性放在首位,之后再去考虑它的样式。根据不同的业务模式,选择不同的字体,可以让页面更容易达到用户的心理预期。如衬线字与无衬线字所传递出来的感受也是有着较大区别的(如图 8-22 所示)。一般而言,需要强调的文字或者小篇文字中,使用无衬线字会更合适一些;而在一些长篇文章中,使用衬线体则会更容易阅读。

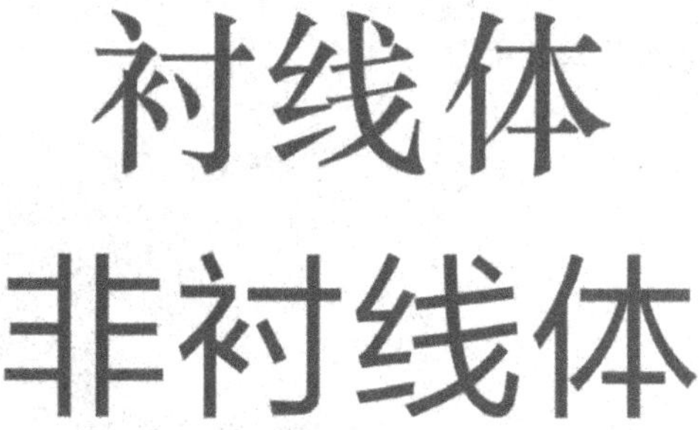

衬线体
非衬线体

图 8-22　合理地使用字体样式

字体使用技巧二是合理地使用字重。在单色环境中,使用不同的字重能更好地加强内容之间的呼应对比。减少过渡色阶层级的使用,能使核心内容更为聚焦,减轻阅读负担。因此,在界面设计中,使用较粗的字重来作为标题是较为合适的。

字体使用技巧三是合理地控制字距。字距跟行距会直接影响到大排文字的阅读性。标题的字间距要紧密,正文大排文字的字间距要稀疏一些。另外,正文的行间距应该设置为字体大小的 120％～150％(如图 8-23 所示)。大家可以多尝试一下,直到信息较容易识别为止。

在单色环境中，使用
不同的字重能更好的加强
内容之间的呼应对比。减
少过渡色阶层级的使用，
能使内容更为聚焦，因此
在界面设计中，使用较粗
的字重来作为标

在单色环境中，使用
不同的字重能更好的加强
内容之间的呼应对比。减
少过渡色阶层级的使用，
能使内容更为聚焦，因此
在界面设计中，使用较粗
的字重来作为标

YES   NO

图 8-23　合理地控制字距

8.4　交互原型设计

8.4.1　阅读提示

(1)交互原型的工具
(2)原型工具类型
(3)APP 的设计案例

8.4.2　交互原型的工具

制作 UI 界面设计之前需要进行原型设计。原型设计指对于应用软件交互界面及部分功能的图形化描述,一般在软件功能定义后。对软件功能界面进行初步设计,是软件交互界面最终完成的基础。

通过内容和结构展示的原型设计及粗略的布局,可以解释用户将如何与产品交互。反映开发人员及交互界面设计师的想法、反映用户期望看到的内容、反映内容的相对优先级等。图 8-24 就是一张天猫原型设计的案例,从中我们可以看到网页设计的布局与优先级,它一般包括线框图和占位符,确定了图片的位置和大小,通过原型设计明确了界面的骨架。

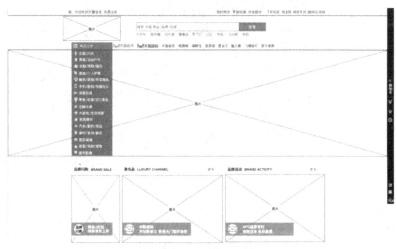

图 8-24　UI 界面原型设计

一般制作的原型图包括纸质原型、快速原型、低保真原型和高保真原型四种类型。纸质原型图是用笔画出占位符,说明哪里有字儿、哪里有图、哪里要大概摆些什么内容。快速原型图是在快速表现的软件上绘制出大概需要些什么东西,大概摆在哪里,丑陋一点不要紧。低保真的原型图已经开始架构出界面的布局与骨骼,而高保真原型,那就是看起来和真正的产品没有什么区别了。程序员只要严格按照它去做即可。当然,高保真原型很费时间和精力。

8.4.3 原型制作工具

制作界面原型有一些常用的软件工具。第一个是专业的快速原型设计工具——Axure RP。设计者可以用它快速创建应用软件或 Web 线框图、流程图、原型和规格说明文档。功能过于丰富,对于初学者来说,需要投入较多的学习精力来掌握。适合专业的交互系统设计者

第二个工具是 Sketch。为视觉设计师打造的专业矢量图形处理应用,界面清爽、简洁,功能多样而强大,完美支持布尔运算。符号和强大的标尺可以帮助设计师快速地进行 UI 设计工作。自带超过 2000 套模板,其中包括网页、iOS、线框图、原型等项目的现成模板。但是 Sketch 只支持 Mac 平台。

第三个是墨刀(MockingBot)。这个是在线原型设计工具。支持创建 iPhone/iPad、Android、平板和 PC 等各平台设备的原型;提供 iOS、Android 等平台的常用组件及大量精美图标,大部分操作都可通过拖拽来完成;还实现了云端保存、手机实时预览、在线评论等功能。

第四个是摩客(Mockplus)。快捷简单的免费原型设计工具(如图 8-25 所示)。快速原型设计、精细团队管理、高效协作设计、轻松多终端演示是摩客的主要特点。摩客支持桌面软件、Web 应用和移动应用等原型设计。

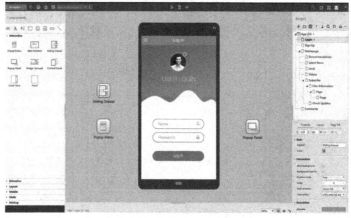

图 8-25 摩客原型设计工具

 案例

智能马桶设计案例

智能马桶是一种电子洁身器与马桶的结合体,来源于欧洲的妇洗器。真正电子马桶盖

是1980年日本TOTO出品的卫洗丽(Washlet)。核心的功能是用水洗替代纸张擦拭便后的污物。基本的智能马桶具有的功能包括肛门水洗、女性清洗、暖风烘干、座圈加热、温馨夜灯、除臭杀菌等。随着科技时代的到来,马桶成为普通家庭中不可缺少的一物,科技的发展推进了智能马桶的发展。目前,在日本、韩国的普及率为80%~90%。随着生活水平提高,智能马桶作为一种典型消费升级类产品,在中国也开始了如火如荼的发展态势。

(一)智能马桶产业发展概况

20世纪90年代初期,智能马桶盖开始进入国人视野,小部分有国外生活经验、高收入的消费人群进行了尝试,但往往倾向TOTO等日本品牌。21世纪初,国内一些厂家也开始投入巨大资源进行研发,渐渐形成了以浙江台州、福建厦门、广东佛山三地为中心的智能马桶厂商组团,并且起了一个惹眼的名字——"智能马桶"。发展初期,由于品牌、品质等问题,国内智能马桶产业可谓经营惨淡,一面不断投资,一面销售不温不火。为了抵消高投入,产品设计上期望给消费者更多的价值感以期待售卖高价格。从华丽炫酷的外观到智能操控,再到健康检测、语音人工智能。过多华而不实的功能技术加持,导致售价极高,消费者顶多走马观花,不会产生购买欲望。

(二)智能马桶设计痛点

(1)不同地区水压与水质差异化,导致马桶设计个性化

欧美和日韩的产品常常因为水压太低而无法冲水,导致大量用户投诉。因此适合中国市场的智能马桶设计,需要能够在最低的水压下完成工作。中国的水质也千差万别,部分城市的水质极差,而发达国家的水质往往是饮用水的标准。虽然对与水质的净化不在产品的考虑之内,但如果任由极差水质对人体私密部位进行接触,可能会导致交叉感染。因此,中国市场的智能马桶必须具有净水功能,确保卫生安全。

(2)高颜值的产品新需求

"人们只要没看到相关事物,是不会轻易模仿,更不可能流行"。在很多消费者观念中,国外品牌能够彰显自身的消费能力和审美品位。一些具有较高消费水平的家庭往往宁愿购买国外品牌的普通马桶,而不会以同样价格选择国内的智能马桶。因此,在智能马桶的设计表征上,需要彰显与普通马桶的不同,同时在广告和公关宣传上强调传统纸擦的方式是十分落后和野蛮的行为,而用温水清洗是时下最时髦、最有生活品质的如厕方式,从而实现智能马桶与优雅生活的美好关联。

(3)智能马桶的人性化设计与用户体验需求

无论什么设计,其最终目的是服务于人,以人为本。智能坐便器的人性化设计体现在很多方面。冲洗功能的多样性满足了消费者的不同需求,自动翻盖功能免除了用手掀开盖板的麻烦。针对老年人和儿童也有不同的功能,童锁放置儿童误操作,微光照明功能使老年人在夜晚也能看清,减少开灯带来不便的同时保证不影响老人休息。由此可见,人性化的设计使智能坐便器可以更好地服务于人。

(三)智能马桶设计方法

优良设计的产品的大量普及不但能给行业带来经济效益,更重要的是能够带来生活方式的改变、用户体验的提升。

(1)针对痛点进行创新转化

针对各地水压差异痛点,设计"海啸"双通道强力冲刷系统。采用精密的机械结构设计,不需要电动泵就可以完美适用不同区域的不同水压,停电同样可以使用。

(2)颜值提升设计

通过对内部元器件的提升与整合,极大缩小了内部机构的体积,打破传统厚重的外观。外形设计极简、纯净,可以完美地融入各种装修风格的卫生间。点缀玫瑰金色,设计更符合亚洲的审美倾向,并且能极大地提升价值感。

(3)设计出可观察与优良体验的产品

功能特性的可视化让私密功能在销售传播时使消费者一目了然,甚至亲手体验,是促进销售转化的重要方法。卖场采用场景化展示,用氛围烘托出生活品质和审美品味。智能马桶的设计内部宽大的人机弧度座圈,视觉体验极为舒适。转动特殊手感设计的旋钮,又可以感受到 AXIS 集成操作系统的高科技。搭配专业的演示道具,可以直观看到多种变换的清洗水花,伸手可体会具有烘干功能的强劲风力。

(4)生命周期化设计体现

例如,箭牌智能马桶采用优质的天然矿物原料和先进的成型工艺成型,坯体密度高、强度大,产品吸水率低于 0.5%,达到玻化瓷的标准,绝不会因天气、温度等环境变化使产品产生后期龟裂,有效避免了意外的发生。生产材料的合理运用既为客户提供安全保障,也延长了产品的使用寿命,减少了产品更换或被废弃所产生的环境污染。

(5)绿色设计体现

智能马桶圈也体现出绿色设计的可拆卸设计方法。市面上现有不同规格型号的智能马桶圈,客户可以随时拆卸、随时更换,避免了更换坐便圈即要更换坐便器的问题,从一定程度上减少了产品生命周期末期的废料,使产品生命周期延长,达到了减少环境污染的目的,同时为消费者节省了经济开支。

(四)智能马桶设计项目

(1)项目背景

中国国内掀起了去国外代购智能马桶盖的热潮,内地的智能马桶企业要生产自己的品牌,确立了设计智能马桶的的意向。

(2)设计调研

第一,搜集了市场上各类智能马桶的企业产品,并做成了产品矩阵图,将智能马桶分成了高、中、低三档。

第二,调研了马桶盖的放置场所分析,比如公共场所与家用场所。如何让智能马桶更好地融入家中的家装风格、公共的酒店风格等,都是需要设计师去考虑的。

第三,进行了用户访谈。访谈用户在使用智能马桶盖的一些痛点,并分析不同人群对于智能马桶盖的需求点,比如女性人群对于使用智能马桶盖的水温、水压的需求;儿童对于智能马桶盖的喷嘴的长度与温度需求;中老年人不熟悉智能产品,对于智能马桶盖接受度不高。以以上的调研为基础,进行智能马桶盖的痛点分析与挖掘。

第四,产品技术分析。对于智能马桶技术的支持是关键,如何实现差异化的技术以区别同行与国外品牌是需要考虑的重点。

（3）草图设计阶段

在草图设计阶段，一定要反复回顾设计策略阶段的结果，否则会脱离设计方向。

第一轮草图要绘制几十到几百张产品意向草图（如图8-26所示），从这些草图中进行头脑风暴，产生出新的想法，并进行设计细节的比较、推敲。比如：智能马桶中是否加入一些硬朗的元素来适应男士？智能马桶的操控区域如何更好与马桶的后部结合？智能马桶盖面的过渡是需要曲面还是切边？针对女性，如何加入一些更好的柔性元素？这些都需要以绘制大量的草图为基础。

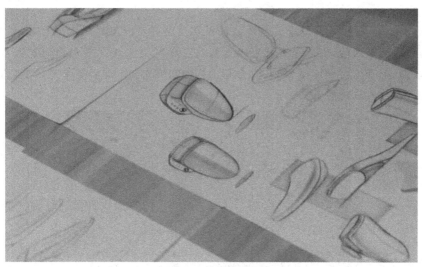

图8-26　第一轮草图

第二轮草图是在第一轮草图中进行挑选。挑选出较好的方式与细节，再进行深化。这时需要1∶1地画草图，只有1∶1的草图才能更好地与后期的数字化表现保持一致。这时主要考虑的是面如何过渡得更加好看，要去寻找更多的资料去参考。此外，智能马桶盖是可以打开的，这时第二轮草图还需要画出马桶盖打开之后的状态，要完善多视角的草图，保证每个角度都是完美的。

（4）2维效果图阶段

此阶段的目标是输出更加直观的效果，来判定是否达到前期设计草图的成果。由于这个项目对外观的要求相当高，因此2维效果图是反映外观效果的一个最快，也是最直接的手段；此外，在此阶段还要考虑产品的结构，从实际的产品开发经验来看，结构考虑得越早，对于后期的3维会衔接得更加顺畅。细节点上，产品的分件线、面的过渡、装饰件的效果、LOGO的设计在2维效果图阶段也是需要完成的任务。

（5）3维阶段

3维阶段是还原验证2维效果图的过程（如图8-27所示），第一要注意产品的外观面与二维效果一致，要不断地调整面的线；第二是要验证产品的功能，比如这个项目的马桶盖的开合是否合理，马桶的后部是否可以顺畅地包裹电机等产品的元器件，马桶盖的铰链与实现方式是否通过验证，以及产品的人机尺寸都是需要验证的。

图 8-27　3 维阶段

（6）草模

草模的目的就是 1∶1 地还原 3 维阶段的效果。这样可以直观地看到产品、触摸到产品的实体、感受马桶盖面的变化，这时就可以确认这个面的效果是三角形面还是弧度面、产品的面是否单调、是否需要增加新的细节（如图 8-28 所示）。此外，草模还可以确定产品的大小与尺寸，并进行人机的验证。

图 8-28　草模

（7）实物

经过多轮的设计验证，最终制作出了产品实物（如图 8-29 所示），并进行了上市。此款智能马桶（如图 8-30 所示）一经上市，就受到好评，市场销售量达到了 200 万台。

图 8-29　实物

图 8-30　实物搭配

第9章 家电设计表达制作重点研究

9.1 家电产品渲染制作重点

9.1.1 阅读提示

(1)渲染的角度与光影

(2)渲染的构图与展示方式

工业设计(Industrial Design)作为一门以现代工业产品为主要研究对象的学科,着重研究产品的结构功能和艺术造型等方面的内容。逼真的设计表达传达了设计师的设计想法,也是其他人了解产品最有效的方式。因此,如何快速、真实表达出产品的造型、材质效果成为工业设计需要重点考虑的问题。

产品渲染是展示一款产品外形、材质特点的有效方式。工业设计专业常用的产品渲染软件是 Keyshot,它自带 15 种类别、近 200 种材质类型,使用者只需要将合适的材质拖放到模型表面,就可以添加需要的材质效果。对于诸如木材、石材等纹理繁多的材质效果,只需要在编辑栏目中选择合适的材质贴图就能轻松生成自己所需要的材质。

如何渲染出效果呢?这里有两个重点——角度与光影以及构图与展示。

9.1.2 角度与光影

第一,针对一些以立式为主的产品,选择倾斜30°~45°。特别针对一些立式的产品,选择这个角度会让产品展示得更立体。图 9-1 的这几张图片,基本上以白色或浅灰色为背景,产品呈现一定的倾斜角度,可以左倾,也可以右倾。这时候仔细观察可以发现,这个角度把产品的亮面与阴影面都展现了出来。大家可以找一找图 9-1 的几张图里,它们的阴影面在哪里?各位在渲染的时候一定要特意地看一看你的渲染效果是不是既有高光面,也有阴影面,同时还有过渡面。

图 9-1 倾斜角度的图片

再看下,图 9-2 中鼠标的渲染效果,同样采用了灰色的背景、倾斜的角度,两张图的高光与阴影对比明显。两张图片分别展示了产品的收纳状态与使用状态。

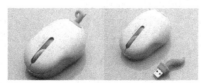

图 9-2 鼠标渲染效果

第二，针对一些壁挂类的产品，可以选择倾斜 15°～30° 的角度，或者正面的效果。如图 9-3 所示，第一个是倾斜 15° 左右的角度，第二个牙刷消毒器产品正面比较丰富，可以采用正面的形式，第三个灯泡肌本采用了微倾斜的角度。

图 9-3　壁挂类产品渲染效果

9.2　渲染的构图与展示

第一个是采用场景化构图。顾名思义就是为产品营造出一个使用的场景，把产品放在它适合的场景中展示出来。如图 9-4（上）所示，这款白色饮水机给它设置了一个灰色的放置平台，在它旁边放了一个较矮的绿植做搭配，这样高——低层次丰富；另一台绿色的配色的饮水机，以温馨的背景墙为衬托，放置在前面，告诉消费者，它不仅可以饮水，还可以成为家里的点缀。

在一些场景化的效果中，如图 9-4（下）所示，我们还可以加入使用的人物，或者操作这个产品的手等，这样就把产品的操作方式也演示了出来，让场景化更贴合实际，更生动形象。

图 9-4　场景化构图

第二个是掉落式构图。掉落式构图呈现出了产品从上掉落下来的感觉,一般可以选择产品的两个不同角度。如图 9-5 所示,送花丝奶瓶的倾斜侧面与奶瓶的底面、体重器的正面或侧面悬空放置在渲染背景中,营造出掉落的感觉,这样整个渲染画面既生动活泼又展示得比较全面。

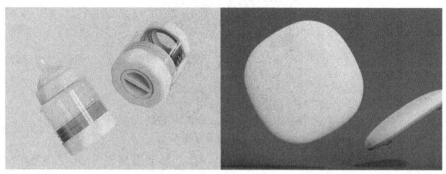

图 9-5　掉落式构图

第三个是阵列式构图。阵列式构图是将产品的两个或三个不同状态或不同配色,以同一个角度的形式展示出来,通过重复形成一种比较有气势感的效果。如图 9-6 所示,这里展示了电话机的两个不同状态和梳子的两个不同配色。

图 9-6　阵列式构图

第四个是等腰三角形构图。当一个产品具有较复杂的使用过程,比如折叠产品,我们一般把折叠的过程分为三步:第一步打开,第二步折叠中,第三步是折叠状态。如图 9-7 所示,我们就可以把这三步的效果图排列成等腰三角形的三个角的位置,这样三个状态高低错落,同时排列不繁乱;此外,还有一些产品是组合产品,它们由多个部件组成,为了更好地展示产品的功能与部件,也可以把产品的三个部件排列成等腰三角形的形式。

图 9-7　等腰三角形构图

第五个是增加支撑平台。通过增加一个高低不一的支撑平台,可以更加凸显产品。如图 9-8 所示,支撑平台的增加为萌趣的饮水机增加不同色彩,不同高低的圆柱台也为产品进行了配色展示,同样针对一些小型的产品,这个增加支撑的方式也非常适合。

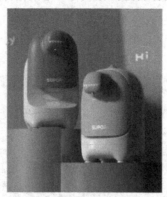

图 9-8　增加支撑平台

　　在渲染的时候注重角度与光影这个要点,可以让产品渲染出更立体、更逼真的效果。场景化展示、掉落式构图、阵列式构图、等腰三角形构图、增加支撑台面展示,可以让渲染效果更具有视觉吸引力,更加凸显产品!

9.3　家电产品展板设计制作重点

9.3.1　阅读提示

　　(1)展板布局与规划
　　(2)展板细节表达方式如使用情景图、细节图

9.3.2　展板要素

　　展板设计是通过清晰的画面以及丰富色彩的搭配和运用独特表现手法来传播信息、传达情感、宣传商品、传达理念的过程。

　　在当前资讯高速发达的社会大环境下,展板通过加载各种各样的信息于第一时间推送到人们视野中,其在信息传播中作为一种重要载体被广泛使用。设计专业的学生每当设计出一个产品,就会制作一份展板,展示有固定的尺寸。通过展板可以直接、快捷地进行方案评估。

　　首先,我们来看下展板包括哪些要素。在一张产品的展板中主要包括展板的文字与图片两类,其中,文字主要包括产品的标题设计和设计说明,还需要标注出大赛的名称。图片主要包括主效果图、产品的使用流程图、产品细节图与产品爆炸图和三视图。

　　(1)文字

　　第一,主标题。主标题是设计方案的名称,具有统领设计方案全局意念的地位和作用,是设计方案中文案的灵魂和点睛之笔。

　　第二,副标题。副标题的作用是为主标题服务,其功能是解释主标题,是文案设计中不可缺少的部分。

　　第三,设计说明。设计说明是展板中文案的主体部分,由创意来源、材料、生产工艺、人体工程学分析、尺寸说明、色彩说明等不同的内容组成。

（2）图片

第一，三视图。产品设计类展板中的三视图通常为主视图、侧视图（左视图或右视图）和俯视图，该三种视图用于展示家具不同截面，以供读者较明确地了解家具的基本构造。

第二，主效果图。展板中的主效果图分为单体效果图、细节效果图、产品使用流程图、产品爆炸图等。单体效果图是用于突出展示产品本身的图像；细节效果图、使用流程图等则用于展示产品细节、创新点、配色，以及用户如何使用。

第三，色彩方案。色彩方案是设计方案中的色彩规划，指同一材质的不同颜色表现和不同材质的搭配规划。

第四，实物（或模型）照片及制作过程图片资料。实物（或模型）照片是设计方案最终真实效果。制作过程照片指方案制作过程中阶段性的、具有代表性的照片，该类图片分为两类：三维模拟制作过程演示的图片与实物制作过程拍摄的照片。针对已制作完成的设计方案，其展板中有必要体现其最终效果及制作过程。

9.3.3 展板要素布局与规划

这些要素如何布局呢？这些要素中最重要的是产品的主效果图，它一般占据整个展板的 $1/3 \sim 1/2$。产品的使用流程图、细节图、爆炸图是主图的补充说明，它表达出了产品的使用过程、使用方式、原理与技术，还有产品的一些人性化的小设计等。一般来说图片的大小至少小 $1/2$ 左右。在字体规划方面，标题设计的字体是最大的，其次是设计说明，最后是大赛的名称与一些细节的说明。

下面我们来看下几张展板的案例。图 9-9 是一张竞赛的展板，我们可以看到它最大的空间是一张阵列式排列的产品渲染主图，它表达出了产品的手提特点与色彩配色，右下角是产品并排排在一起的 3 张细节图，与产品主图的大小拉开差距；然后是产品的标题采用了蓝色的、整张版面里最大的字号，其次是设计说明和细节说明的文字，采用了较小的字号。

图 9-10 是一张以产品爆炸图作为主图的产品展板，通过一张爆炸图将产品的主要创新点表达出来，字体的设计同样遵循了标题最大的原则，而且这张展板里对标题不仅做了字体、字色的设计，还为标题设计了一些装饰与美化，这对展板来说也是很重要的。

再看图 9-11 折叠式煎锅的设计，由于这是一个对产品的使用方式进行改变的产品，因此需要展示不同的使用状态与折叠细节，所以看起来这个展板的图比较多。主图主要由手柄折叠收纳状态与使用状态组成；产品使用方式图示展示，包装对比图示展示，还有几张锅盖卡锁细节展示。由于图比较多，每个区域都分门别类地规划展示，字体的设计方面同样遵循我们前面涉及的原则。

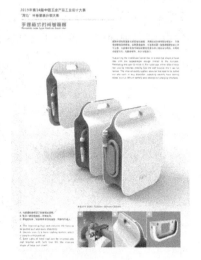

图 9-9　手提箱式卷管器竞赛展板

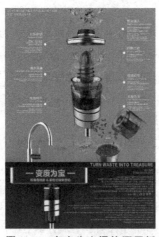
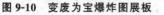
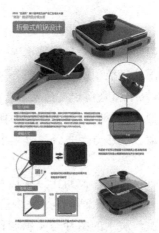

图 9-10　变废为宝爆炸图展板　　　图 9-11　折叠煎锅展板设计

另外,也可以采用主图占据整张图 1/3 的空间,下部的空间做左右的划分。这类展板适合一些细高型的产品,左边展示产品整体效果,右边展示产品的一些细节。

最后还可以采用上、中、下三分格局,主图、细节图、使用方式图各占 1/3,这也是常用的展板布局。

9.3.4　展板细节

如图 9-12 所示,这张图展示了 4 个产品细节、包括提手细节、折叠收纳细节、产品内部元件器以及产品使用效果。大家再仔细观察,这些数字的设计,通过底色的变化,让 4 个细节展示并列展示得有序且有设计感。这个同样采用 4 分格的产品细节展示在注意展示细节的同时,在画面中的留白处里排列出了一高一低的节奏感。

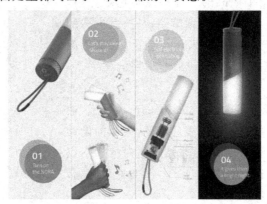

图 9-12　展板细节图

图 9-13 是产品爆炸图的几个案例。产品爆炸图可以为产品版面增色不少,让人看起来产品是可实现的,具有一定的技术与原理支撑。我们在制作产品爆炸图的时候,可以竖向上下爆开零件,也可以横向左右爆开,这个主要看产品的形态。产品的原理图,比如半剖图、线稿图都是表现产品的原理的好方式。

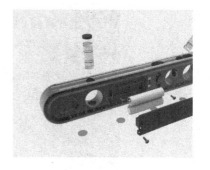

图 9-13　产品爆炸图

9.3.5　展板案例评价

我们来看看学生做的版面,有哪些值得借鉴,有哪些需要改进。

观察图 9-14。从效果上看是排得还不错的展板,但是仔细看下去就会发现产品创新的表达不够明显。比如第一张展板,主图只展示杯子的形态,没有展示杯子的特点,特别是它的打开方式;第二张展板,产品配色、背景、字体都不错,但是中国传统特色表现不够明显,它是如何符合中国人口味的一款中式早餐机,中式的功能点表现不足。

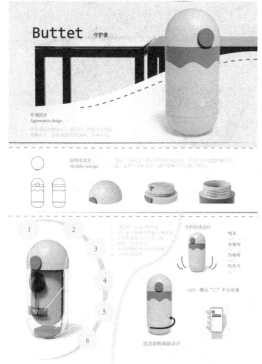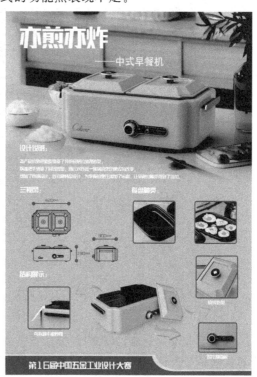

图 9-14　展板评价 1

再看图 9-15。第一张展板在布局方面主图太小,其他图之间分割间距太大;另一张展板标题字体太大,主体展示的图的类别不够规整,图品排列凌乱。

图 9-16 这一组的展板制作中布局、配色、层次比较不错,但是表现字的设计上精致度还不够。比如炉中猫的设计说明以及细节排列需要再优化,"形变"展板的标题的设计不够。

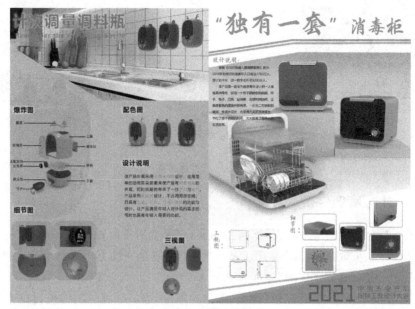

图 9-15　展板评价 2

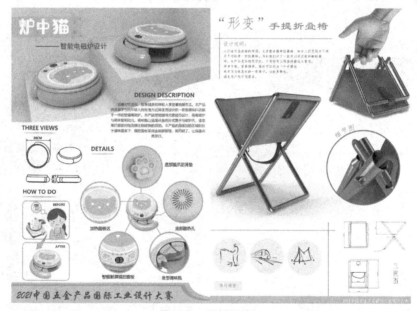

图 9-16　展板评价 3

对于工业设计专业,好的设计方案更需要有好的展示效果。无论是专题设计作业、参展参赛或者毕业设计,展板设计都是必不可少的部分。但在院校教学体系中,一般不设展板设计的专门课程,而学生只能凭借自身的专业基础和审美感受去进行创作练习,其展示效果往往不尽如人意。如何将这些要素进行展板的布局与规划,并且结合具体的展板设计不同的布局形式,这些细节图的表现形式给了大家一些参考方向,这些方法可以让展板设计更具有视觉吸引力。

学习者可以参考以上实例,进行学习。

9.4　家电产品动画设计制作重点

9.4.1　阅读提示

(1)动画制作四要素
(2)产品动画的作用
(3)动画制作思路

9.4.2　动画制作四要素

　　产品动画与以往对产品的解释是完全不同的方式。通过计算机图像处理和三维合成，从三维的角度对产品进行更直观的解析。产品动画的主要目的是把已有的产品属性展示给用户，让用户更好地了解并接受产品，也就是通过一系列技术手段让产品以最美的状态展现给用户。

　　产品动画主要由四大构成要素组成。

　　一是模型。模型的好坏是产品视觉表现中最重要的一环，不论是机械仿真还是影视动画，模型都是所有视觉表现中最为核心的部分。

　　二是场景。在具有美观模型的基础上，辅助场景将起着衬托模型的作用，与二维平面的背景有着同样的效果。

　　三是光线。在三维数字化场景中，光线将影响着模型、场景、材质等任何人眼能够看见的物体，其强弱、色彩将直接决定着产品展示的成败。

　　四是材质。产品由不同的材料构成，在三维场景中模拟这些材质，就需要对色彩、纹理、光滑度、反射率、透明度进行设计与处理，材质表现是产品是否表达出效果的关键因素，可以影响产品的品质效果。

9.4.3　产品动画的作用

　　三维动画在产品设计中的运用产生的意义深远，所带来的价值也是不可估量的，主要表现在以下几个方面。

　　一是缩短产品周期。计算机技术、动画技术与产品设计领域的结合，使很多产品的数字模型代替了传统的模型。全方位的三维动态演示及推敲在一定程度上代替了传统的实物模型验证，多角度、全方位地展现出产品的效果、产品使用方式等信息，缩短了产品开发周期，大大提升了产品的市场竞争力。

　　二是减少资源浪费，降低开发成本。由于运用三维动画技术，减少了实物模型的制作，节约了制作模型的费用，减少了模型材料的浪费。

　　三是产品展示得更直观，增强了产品与人的互动，突出了产品特性。通过产品三维虚拟展示，用户可以更方便、更直观得了解产品相关细节及产品部件。有时候通过 VR 设备，用户就可以对产品有真实的互动和体验，这样可以让用户更好地理解产品、体验产品。

9.4.4 动画制作思路

产品动画制作的步骤主要包括三步：一是想好怎么动；二是进行 Keyshot 动画面板设置；三是进行后期剪映配音、字母剪辑，最后导出动画就可以了。

第一步，想好怎么动就是设计动画的实现过程，设计出你的动画路径。比如先将产品进行平移、旋转，然后换个角度拉近、拉远，最后再展现一个爆炸与复原。或者先将产品平移、边旋转边变色，然后展示使用过程、使用细节，最后做下爆炸（如图 9-17 所示）。

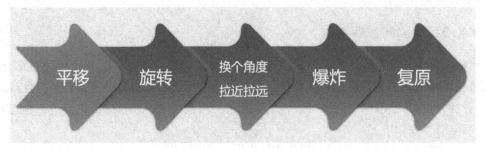

图 9-17　设计你出你的动画路径

根据想好的动画实现路径，就需要进行 Rhino 文件设定、Keyshot 动画面板设置。比如如果要实现部件的旋转，在 Rhino 文件里进行所有部件分层，同时要为旋转体添加旋转轴（如图 9-18 所示），让物体围绕这个轴进行旋转。

图 9-18　所有部件分层，添加旋转轴

第二步，我们来看下动画面板的设置（如图 9-19 所示）。首先在界面中找到动画面板的图标，这里可以清晰地显示动画导航条。这里有动画类型选择、帧（一般都是 30 帧）播放设置、时间轴以及时间轴的缩放。

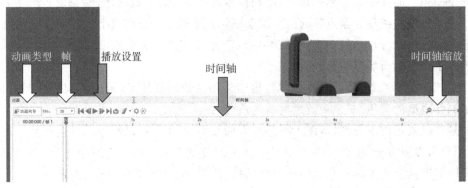

图 9-19　动画面板的设置

我们点击"动画类型",就出现了"动画向导",这里可以看到两种类型:第一种是模型部件动画,这是模型动;第二种是相机动画,意思是模型不动,相机动(如图9-20所示)。继续选择模型部件动画中的平移,就出现一个面板让你选择要动的部件,选择完部件后就可以设置动的方向与时间。

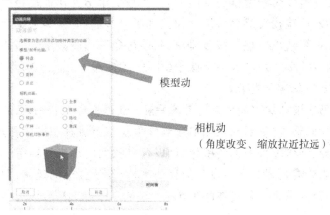

图 9-20 动画向导设置

同样,我们也可以选择模型动画的旋转,点进去选择旋转中心与方向。当我们把这两步设置好了之后,就可以在动画导航条的时间轴上看到平移与旋转这两步操作。

当你把前期想好的动画设置完之后,就可以看到完整的动画时间轴展示效果。这里可以清晰地看到动画的每个动作与时长(如图9-21所示)。最后进行动画效果输出,这里选择"视频输出",可以调整分辨率,并且注意"帧输出"不要勾选,这样可以减少输出时间。

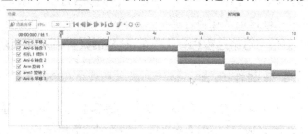

图 9-21 动画时间轴展示效果

第三步,针对输出的动画进行剪辑和配音。这里常用且易上手的剪辑软件是剪映,也可以使用 Premiere 软件进行音效添加、分镜头拼接与剪辑。Premiere 是 Adobe 公司推出的一款视频剪辑软件,After Effects 和 Premiere 之间可以设立动态链接相互协作。在新建序列时统一参数设置,将各个分镜的特效图片序列和需要添加的素材导入 Premiere 软件中,按照分镜头顺序排列分镜头,为分镜之间添加转场。最后为整个动画添加音效,播放动画时根据音效的起伏略微调整分镜的长短,调整好后设置视频输出路径和输出编码格式,完整的产品动画制作完成。

三维动画仿真技术在设计行业的应用前景是广阔的,制作家电产品动画是有必要、也有实用意义的。在未来,家电产品动画一定会有更为广阔的发挥空间。三维仿真动画的创作技法具有与时俱进性,至于家电产品与仿真动画技术相融合的其他方式,还需后续研究者的继续跟进。

9.5　家电产品设计报告书制作重点

工业设计以及设计艺术类的高等教育在中国已经有三十多年的发展。设计教学的考核和评估方式不同于文理科以闭卷考试为主的方式,而是采用结课作业汇报以及过程性考核评估的方式。不同的设计院校大都会采用一种报告册的考核方式,要求学生将一个阶段课程作业的整个过程和最终结果展现在报告册里,并阐述在不同阶段的学习心得。这种报告册就是指用来记录学生一个学期或者一个课程学习过程的册子,通过这种方式全面展示学生的学习过程、学习方法及学习成果。

此外,设计报告书是设计课程最全面的考核手段。通过设计报告书,我们不仅能够看到设计的创意来源、设计成果,更重要的是能够看到学生在整个课程中的学习过程,包括对问题的思考、方向的选择、创作过程中的一些挫折,以及寻找到的解决路径等。通过学业报告书的展示,任课教师能够清楚地对学生设计流程的掌握、设计技能的运用、创意能力做较为全面的考察。而这几部分是展板和实物评估方式无法展示或者无法全面展示的。

9.5.1　学业报告书的制作内容与要求

设计报告书的制作进程。在教学中,有些学生和老师会把学业报告书的制作理解为是在课程完成之后进行的。由于课程授课是有一定时间跨度的,如果在课程结束时才进行学业报告书的制作,便难以保证设计过程记录的完整性,也难以将设计过程中的所思所想准确地记录下来。事实上,一个有效的学业报告书恰恰是从课程开始时就进行制作的。从课程开始,授课教师就会告诉学生课程结束时要提交学业报告书。在授课的每一个单元或者环节,授课教师都会实时提醒同学将学习过程记录在报告书中。随着课程的展开,报告书也进行实时更新;在课程结束时,报告书的记录与总结过程也宣告结束,这样的报告书才具有有效的评价作用。

9.5.2　设计报告书制作方法

报告书的制作方法大致可以分成两种:一是将各种素材手工剪贴、涂画、写作完成;二是素材整理后电子排版设计完成。之所以分为这两种方式,是根据学生不同学习阶段的认知程度与技术能力来确定的。在大学艺术设计教学的低年级阶段,学生主要处在基础课和专业基础课的学习阶段,作业大部分都是通过画笔和手工工具完成的。这时候的学业报告书也采用这样的方式,即在一个记事本上进行书写,手工剪贴相关的图画,通过这种动手的方式进行报告册制作和装帧设计。而在高年级教学阶段,学生逐步进入以计算机辅助设计为主的设计技能操作阶段,随着课题和课程作业要求的更新,报告书制作的方式也从手工制作转为平面排版软件制作的阶段。

9.5.3　设计报告书制作内容

设计报告书制作内容主要包含五个部分。

(1)课程理解

对任何一门课程,开始阶段是要对课程内容或者项目主体进行理解,报告书开始部分也是如此。首先应该是对相关课程主题的一个理解。若课程题目是插画设计。学生要先认识什么是插画设计、插画设计的发展情况。在这部分学习中,学生会根据老师所讲内容及搜集的信息进行资料整理和阐述。

(2)资料研究、分析、思考、创意构想

对资料的收集、整理、研究是课程很重要的内容,这部分内容要在报告书里体现出来。其过程包括如何从设计资料中找到灵感,如何根据灵感进行创意的构想等。

(3)过程记录(草图、指导与交流、开发利用各种材料与技术)

这部分是设计实现过程的记录,包括设计部分的草图、材料试纸验证的模型,以及每部分与老师的指导、交流反复的过程。整个设计过程不可能一蹴而就,在多次方案尝试的过程中与任课教师交流、与同学探讨,总结失败教训,在不同草案中进行评估与取舍,这些过程都是需要记录下来的,这也是学业报告书的价值所在。

(4)项目效果(视觉表现、展览展示)

项目效果是课程最终方案的展示,是学生设计创意能力的重要判断依据。项目展示可以是实物展示,也可以是效果图展示。一般会展示出多角度的视图以及使用方式,并附有说明文字和使用场景图等。

(5)反思与总结

反思与总结是报告书的最后一个部分,主要是对课程过程的一个回顾,包括体会与收获、经验与教训,设计方案的进一步改进的可能性等。这部分是让同学对一个阶段课程进行一个回顾,思考一下学习过程的得与失,以便在下一个课程学习时进行改进。

9.5.4　设计报告书案例剖析

第一是制作报告书的封面。封面要清晰地标示出课题的名称与设计者的相关信息(如图 9-22 所示)。此外,对于报告书来说,每一页都是一张展板,所以特别要加一些元素或者图片进行美化,衬托主题。

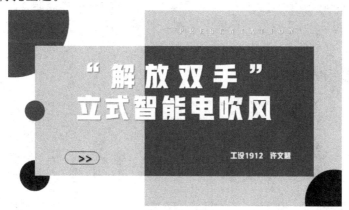

图 9-22　设计报告书——封面

第二是制作报告书的目录。目录中要清晰地展现报告的主要部分与环节(如图 9-23 所示)。该页主要关注字体设计,字体的设计要有层次感,序号与内容要区分清晰的同时,还要互相映衬。

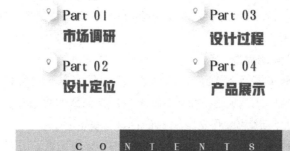

图 9-23 设计报告书——目录

第三是展示每个环节的内容,通常设计调研是第一部分。调研模块主要包括市场调研与用户调研两个模块,其中市场调研方面要了解市场的产品需求趋势、产品风格与产品使用风格趋势(如图 9-24 所示)。

图 9-24 设计报告书——市场调研

产品需求趋势如何表现?如图 9-25 所示,通过数据显示,2021 年上半年电吹风市场的销售额为 27.6 亿元,同比增长 41.3%,销售量为 1381 万台,同比增长 40.9%;作为日常生活使用频繁的家电之一,吹风机市场前景广阔。数据图表+文字是市场需求趋势的一种较好的表现形式。

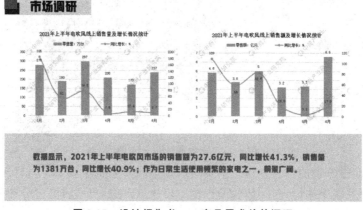

图 9-25 设计报告书——产品需求趋势调研

产品风格趋势如何表现？如图 9-26 所示,运用图片＋文字的形式,通过图片引导出"为了迎合消费者,打破人们对电吹风产品的传统认知,各大厂商竭力对产品线进行更新,实现产品差异化、创新化,满足消费者对高端产品的追求。电吹风产品正在向节能环保、健康智能的方向发展"的主题。

市场趋势

当前,为了迎合消费者,打破人们对电吹风产品的传统认知,各大厂商竭力对产品线进行更新,实现产品差异化、创新化,满足消费者对高端产品的追求。电吹风产品正在向节能环保、健康智能的方向发展。

图 9-26　设计报告书——产品风格趋势调研

针对产品而言,目前市场上产品的形式与功能也是需要调研的一个内容。如图 9-27 所示,通过将手持式与支座式对比的形式,展现出产品的使用风格。

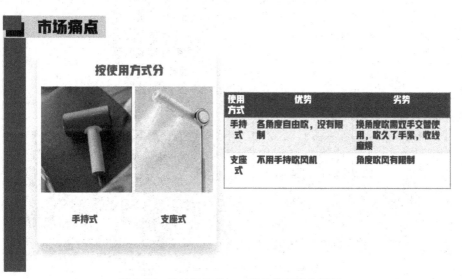

图 9-27　设计报告书——产品使用风格调研

用户调研包括用户消费习惯调研与用户使用方式调研。其中用户消费习惯调研要求找出目标用户的形象图片,用拼图＋文字表达的方式展现出目标用户的个性特点,如图 9-28 所示,"消费习惯:个性、潮流、时尚,单身贵族思想开放前卫,自由、独立、个性是他们的标签,他们热爱生活和旅行,有自己的兴趣爱好,孤独时有宠物相伴"。

消费习惯：个性、潮流、时尚

单身贵族思想开放前卫，自由、独立、个性是他们的标签，他们热爱生活和旅行，有自己的兴趣爱好，孤独时有宠物相伴。

图 9-28　设计报告书——用户消费习惯调研

　　第四是进行设计定位。将前期的用户与市场进行综合分析。如对于年轻的消费者来说，"颜值、科技、外观设计"已经成为选择产品的重要决定因素。而从市面上的产品来看，戴森吹风机之所以受到大家的喜爱，主要还是因为其超高的颜值和搭载的黑科技。经过分析确定出设计产品的定位。如图 9-29 所示，其所确定的产品定位是简约、轻奢和智能。

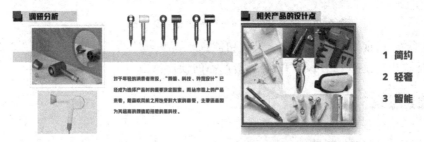

图 9-29　设计报告书——设计定位

　　第五是展示设计过程。这里主要包括设计构思、设计制作的过程。比如产品意向图与模型制作图（如图 9-30 所示）。

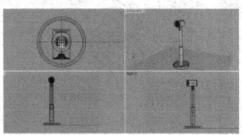

图 9-30　设计报告书——设计过程

　　第六是产品展示。主要包括展示效果图、爆炸图、使用方式图等。如图 9-31 所示，产品效果图展示要结合文字说明，即"基于手持式电吹风使用费力、收纳电线麻烦这一问题，设计了这款立自动伸缩吹风机。解放了双手，解决了收纳电线的问题，底盘还可收纳小物件实用美观"。使用说明图中要清晰地展示出产品的使用方式（如图 9-32 所示），爆炸图则要标示出产品零部件的名称(如图 9-33 所示)。此外也可以在 PPT 里插入动画与设计的完整展板(如图 9-34 所示)。

第七是报告书的封底。封底要与封面呼应,做到风格统一(如图 9-35 所示)。

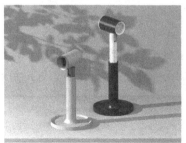

图 9-31　产品设计报告书——产品效果图

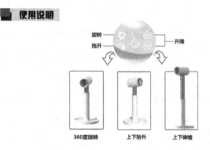

图 9-32　设计报告书——使用说明图

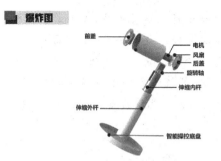

图 9-33　设计报告书——爆炸图

图 9-34　设计报告书——动画设计展板

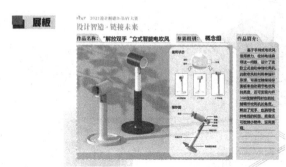

图 9-35　设计报告书——封底

9.5.5　制作设计报告书的作用

制作学业报告书无论对于学生学习、教师授课还是教学管理都是一种有效的促进手段。

(1)对于学生的作用

学业报告书可以用于总结一个阶段的学习成果,反思自己的得失。通过每个学期或者每个课程学业报告书的制作,可以让同学们养成在项目实践中进行资料整理、归类、记录、反思的习惯。苏州工艺美术职业技术学院的学生每个学期都要求制作一本或多本学业报告书。等到学生毕业求职时,六本以上的报告书也成为求职的第一手资料。许多学生拿着学业报告书或者依据学业报告书修改后的求职作品集进行求职并获得了成功。

（2）对于教师的作用

学业报告书可以评价学生在一个阶段的学习效果,所以教师可以将学业报告书作为阶段学习考核的重要依据。与此同时,教师也可以通过学生学业报告书所反馈出的信息,确定教授的知识、技能、方法是否有效地传授给了学生。

（3）对于学校管理部门的作用

作为学校管理部门,也可以根据学业报告书反映出来的信息来判断教师是否完成了教学任务,学生是否顺利地完成了学习计划。学业报告书可以成为学校教学质量管理与控制的一种重要依据。

案例

（一）玻璃灭菌器草图提案

首先我们来看下项目的具体要求。这款产品主要是一个外观设计项目,原来的产品外观如图 9-36 所示。产品的材料是钣金件,前部的操作界面区域主要为塑料件,上面有显示器和旋钮,本次项目的要求是主要修改塑料的造型,但与钣金的固定方式不改,操作界面的显示器不改,旋钮可以修改。图 9-37 是操作面板的效果图,面板上有指示灯、显示窗,以及旋钮的孔位。客户要求面板的外形可以改,显示窗、指示灯与旋钮孔位的尺寸不修改,提供 4款以上方案,最终选用 2 款。

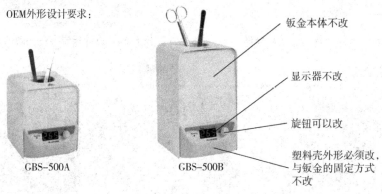

图 9-36　玻璃灭菌器设计要求

面板效果图,面板的外形可以改,显示窗、指示灯与旋钮孔位尺寸不修改。

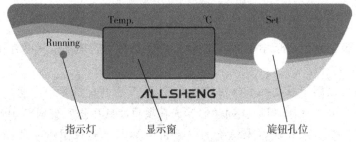

图 9-37　玻璃灭菌器人机面板设计要求

依据的客户的要求,团队开了头脑风暴的会议,确定了几种可发展的方向,然后依据方向开始分头搜集产品意向图,挑选适合的产品意向图,进行元素提取,绘制了不同方向的草图方案,形成了草图提案。下面我们就来看下针对这个项目的草图提案。

第一个方向是线面多层次变化型,右边是搜集的产品意向图,从产品意向图可以看出主要是一些带有操作面板的产品,而且这几款产品的面板造型实现了多层次变化,图 9-38 中我们用红线标示出它的线型。左边就是提取了这个方向的线型,结合产品的具体状态,设计出的二维草图,呈现了产品的前面板与侧面效果。

图 9-38　线面多层次变化型

第二个方向是苹果风代表的几何简约型,右边是收集的产品意向图,提取的元素用红色的线条标示出来了,可以看出这个参考的典型特点就是下部的悬空设计。左边是草图设计方案,展示了三个视角,整体前部轮廓线是带有圆角的简约几何图形,从侧面可以看出操作面板的倾斜角度和底部的悬空设计(如图 9-39 所示)。

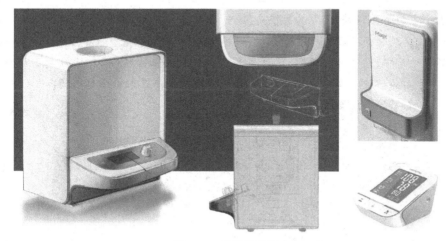

图 9-39　几何简约型

第三个方向是典雅型,右边是产品意向图,它的典型特征是利用面与面相交形成了优美的线条,如图 9-40 所示,用红色的线条标示出来了。下图白色的产品也是利用上壳面与底面的交叉形成了优美的线条。将这一特征运用到项目产品中,左边是设计出来的产品草图,用优雅的线条将操作面板区域与两片侧面形成分界线。

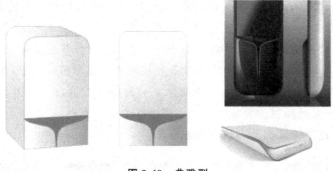

图 9-40　典雅型

第四个方向是简约型,体现的是微层次、识大体的特点。如图 9-41 所示,通过观察右边的产品意向图,我们发现它们主要运用了大曲线的转折和微凹面的设计。左边是产品设计草图,展示了产品的两个角度。从侧面图可以看出产品的操作界面倾斜度较大,面板用流畅的简约线条造型,面板处也干净、简洁。

图 9-41　简约型

第五个方向是圆润科幻型,其特点是流畅、大曲面。如图 9-42 所示,从右边的产品意向图可以看出,这几款产品线条轮廓十分流畅,操作界面区域圆润感十足。将这一典型特征运用到产品的设计中,结果如左图所示,这里展示了设计的三个视角,相比较于前一个简约方向,这一个方向的面板轮廓曲度更大了,而且底部的倾斜面是以曲面展示的。

图 9-42　圆润科幻型

第六个方向是科技硬朗型。图 9-43 右边是产品的意向图,观察这两个产品可以发现面的转折刚劲有力,线条虽有圆角但较为硬朗,产品的侧面更是通过线于面的切割,体现出了强烈的科技感。图 9-43 左边草图是将元素提炼出的设计方案,前面板的操作界面是用切削的方式呈现,侧面的转折比较硬朗。

图 9-43　科技硬朗型

第七个方向是嵌边型。如右边的产品意向图,通过镶嵌一条彩色的亮边来丰富产品,赋予产品一个形态特征或亮点。运用这个造型元素,左边设计草图在前面板的操作面板处加了一条微凹陷的轮廓线(如图 9-44 所示)。

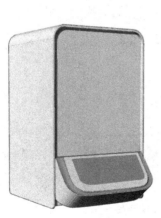

图 9-44　嵌边型

前面七个方向是产品大体形态的造型方向。为了更好地优化产品,项目小组还搜集了一些产品细节部件参考图。比如按钮的形态,按钮与面板的处理与按钮的细节表达,比如简洁的圆柱按钮形态、嵌入蓝色荧光线的按钮、多层渐变的圆形按钮,还有按钮与表面处理成凹陷的造型等。

此外,还放置了一些未画设计草图的产品意向图,给客户更多的选择空间。比如,三位立体的包边型系列产品,以及一些面的切割处理方式、产品的配色与轮廓线走势等。

(二)玻璃灭菌器设计提案

经过项目草图提案之后与客户进行沟通,进一步了解客户的需求,优选草图方向并进行了深化。项目团队进行了三维表达与渲染,并整理成设计提案 PPT,与客户进一步沟通交流。

下面我们就来看看这个项目的设计提案形式与提案作品。

第一个方案是线面多层次变化型。如图 9-45 所示，依据设计草图提案，进行了三维立体设计，将产品效果制作了出来。此方案的第一张展示了产品的整体效果，相较于草图，产品更加直观形象，特别是具有斜面凸台的操作界面更加清晰明了。

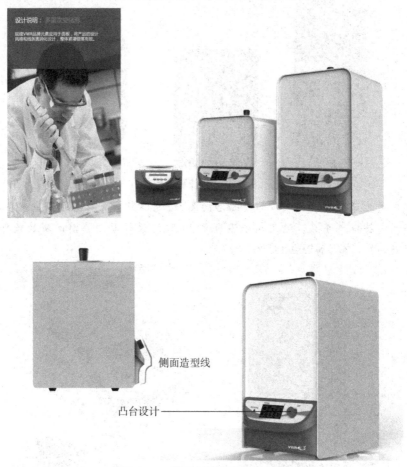

侧面造型线

凸台设计

图 9-45　线面多层次变化型产品

产品展示出了产品的不同角度，如此产品的侧面造型线，让客户有个直观印象，看得出侧面的设计是丰富的，以及凸台的面板。图 9-45 中用红色的线勾勒出了产品的主要线条轮廓，线条主要采用了由中间向两侧渐渐消失的处理方法。产品面的处理上也是凸面、平面、斜切弧面的运用方法，实现了多层次。

进行方案展示的时候不要忘记产品的三视图［如图 9-46（下）所示］，这样可以让客户清晰地看到整个产品的比例，产品操作面板区域的长、高与操作面板突出产品的宽度。三视图布局整体看起来比例协调，操作面板区域成为产品的视觉中心。

还需展示的是一些细节对比［如图 9-46（上）所示］，比如按键的对比，这里一个运用了带有凹槽的按钮，一个是简单的圆柱按钮，还有操作面板配色的对比，一个灰色，一个蓝色，灰色更统一，蓝色更出挑些。

最后要展示产品的使用环境效果［如图 9-45 左（上）所示］，可以作为产品的宣传单页，这样的设计与医疗风的感觉整体是匹配的。

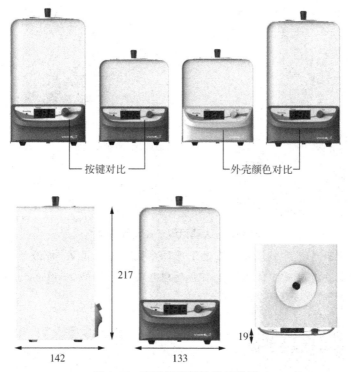

按键对比   外壳颜色对比

217

142   133   19

图 9-46 产品细节对比的三视图

    第二个方案是大弧面型,这个方向的方案延续了企业品牌元素应用于面板设计,简练的线条感和边缘切面,使得整体大气、简洁,首先展示产品的整体效果[如图 9-47(右)所示]。

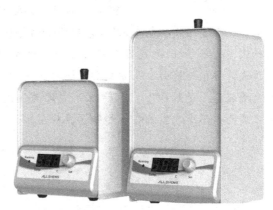

图 9-47 大弧面型产品

    然后看下产品的一些设计细节(如图 9-48 所示)。比如面板处的边缘切边设计、正面体现出来的弯曲弧面设计,还有前面板采用的整圈切边设计,彰显干练。大弧面的设计面体现了简洁之美。大弧面型的三视图同样可以清晰地看出产品的整体比例、面板与主机之间的比例,面板的厚度 19 是可以完全包裹内部的元器件。最后同样展示了设计方案的使用环境[如图 9-47(左)所示]。

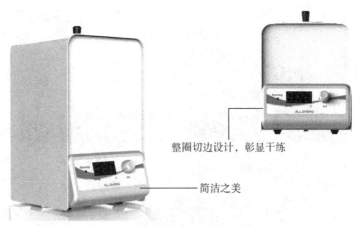

整圈切边设计，彰显干练

简洁之美

图 9-48　大弧面型产品设计细节

　　第三个方案是圆角折面型。首先展示了设计方案的整体效果，折面面板简洁明了，与主体不失衔接。圆角过渡以及四角的圆角不失硬朗且柔和了板面（如图 9-49 所示）。

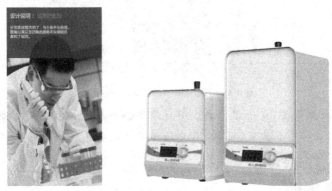

图 9-49　圆角折面型产品

　　然后看下此方案的线条轮廓，用红色的线清晰地表达出了小角度的折面设计，同时在标签形状设计上与轮廓呼应，都采用了圆角矩形。此外，大斜面的设计让显示区域更大、读数更方便。该设计方案与前面 2 个方案对比操作面板的长度差不多，但是厚度少了 5 毫米，让产品看起来更轻薄。最后向客户展示设计方案的使用环境 [如图 9-49（左）所示]。图 9-50 把第二个方案与第三个方案放在一起做了直观对比，这样让客户更方便比较。

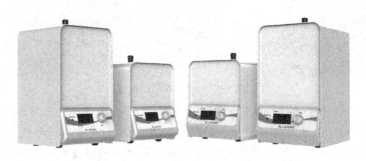

图 9-50　大弧面型产品和圆角折面型产品的比较

　　第四个方案是优雅曲线型。首先展示了设计方案的整体效果,此方案延续企业品牌元素应用于面板,将产品的设计风格和线条圆润化设计,整体紧凑错落有致。主要运用了优雅的线条元素。来看下操作面板方案的侧面轮廓线,而且在前面板中设计了渐变小曲面的设计,前面的小曲面形成了花朵的曲线造型美,而且这个位置营造出了高低层次的变化[如图9-51(右)所示]。这里是产品的三视图,相对来说,这款方案的厚度是较厚的(如图9-52所示)。最后是产品的使用环境展示[如图9-51(左)所示]。

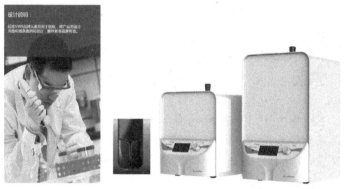

图 9-51　优雅曲线型产品

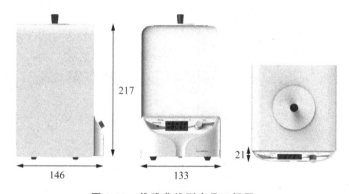

图 9-52　优雅曲线型产品三视图

　　第五个方案是面片拥抱型,延续了上一个方案的设计,更简洁一点。此方案的整体效果将产品的设计风格和线条圆润化设计,整体紧凑、错落有致(如图9-53所示)。

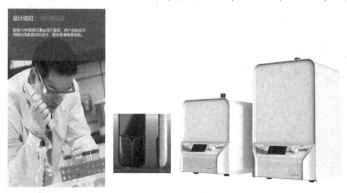

图 9-53　面片拥抱型产品

看下方案的侧面和正面,就是要营造出类似拥抱的设计。这个设计的线条体现出了简洁水流曲线美,整个面板也展现了层次丰富的设计。相对来说,这款方案的厚度也是较厚的。最后是产品的使用环境展示[如图9-53(左)所示]。图9-54是将类似的第四、第五个方案做了对比,明显第四个方案更柔和。

图9-54 优雅曲线型产品与面片拥抱型产品的比较

第六个方案是简洁苹果风。整体效果看起来以面块为主,更简洁。产品侧面运用了较为硬朗的切面设计,而且操作底面的下部是采用直面过渡(如图9-55所示)。相对来说,这款方案的厚度也是较厚的。最后是产品的使用环境展示。

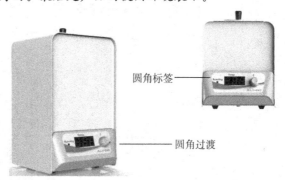

圆角标签

圆角过渡

图9-55 简洁苹果风产品1

第七个方案也是简洁苹果风方向。整体效果以一个流畅的面块为主,在操作面板的下部运用了削切面设计、在面的转折处运用了苹果R角处理进行圆弧过渡、在面板的丝印上也用了圆角标签与整体轮廓保持一致。相对来说,这款方案的厚度也是较厚的。最后是产品的使用环境展示[如图9-56(左)所示]。

图9-56 简洁苹果风2

第八个方案也是简洁苹果风。整体效果看起来以面块为主,更简洁。产品侧面运用了较为硬朗的切面设计,而且操作底面的下部是采用直面过渡。该方案尺寸与上一个方案尺寸相近。最后是产品的使用环境展示[如图9-57(左)所示]。

图 9-57　简洁苹果风 3

第九个是简洁苹果风的最后一个方案。整体也是面块为主,运用上下的大切面处理,设计出了操作面板。从侧面可以清晰地看出切面的设计角度,以及轮廓线的 U 形设计。圆角标签的运用也在第九个方案中延续。最后是产品的三视图与使用环境展示[如图9-58(左)所示]。

图 9-58　简洁苹果风 4

仔细地分析该项目的 9 个设计方案,可以发现这是一个比较小的外观设计项目,最终进行设计展示时主要从整体效果、设计特色、设计细节、设计三视图与使用环境几个方面进行展示。通过这个提案的具体实例,可以让读者了解设计报告的内容与方法,为设计提供参考。

家电认知训练

1. 选择一个具体的家电产品,分析渲染,学习渲染技巧。
2. 选择一个具体的家电产品,分析展板,学习展板制作技法。
3. 挑选一个合适的设计竞赛进行设计、制作、表达的体验。

第10章 家电产品专利转化方向与示例

10.1 家电产品专利转化示例

10.1.1 阅读提示

(1)厨房消毒灯专利转化

(2)智能家电专利转化

10.1.2 一种紫外线厨房消毒灯

(1)说明书摘要

本实用新型涉及一种紫外线厨房消毒灯(如图10-1所示),包括用于固定的吊灯杆(10),所述吊灯杆连接墙面和灯头(20),所述灯头(20)上方连接有可在吊灯杆上移动的移动装置(30),所述灯头(20)包括灯筒(201)、若干LED发光板(202)和智能人体感应装置(203),所述LED发光板(202)一端连接移动装置(30),且其中部位置处转动连接有推杆,所述推杆的另一端转动连接在灯筒(201)下方,所述智能人体感应装置(203)与移动装置(30)电连接,所述灯筒(201)上设置有若干紫外线消毒灯(2011)。

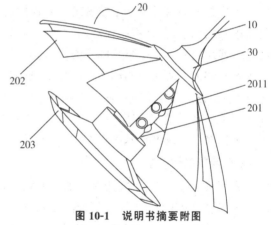

图10-1 说明书摘要附图

10—吊灯杆 20—灯头 201—灯筒
2011—紫外线消毒灯 202—LED发光板
203—智能人体感应装置 204—LED小灯泡
30—移动装置

(2)权利要求书

①一种紫外线厨房消毒灯,其特征在于,包括用于固定的吊灯杆(10),所述吊灯杆连接墙面和灯头(20),所述灯头(20)上方连接有可在吊灯杆上移动的移动装置(30),所述灯头(20)包括灯筒(201)、若干LED发光板(202)和智能人体感应装置(203),所述LED发光板(202)一端连接移动装置(30),且其中部位置处转动连接有推杆,所述推杆的另一端转动连接在灯筒(201)下方,所述智能人体感应装置(203)与移动装置电连接(30),所述灯筒(201)上设置有若干紫外线消毒灯(2011)。

②如权利要求1所述的紫外线厨房消毒灯,其特征在于,所述移动装置(30)包括螺杆和可在螺杆上移动的螺母,所述螺杆连接有电机,所述电机与智能人体感应装置(203)电连接。

③如权利要求1所述的紫外线厨房消毒灯,其特征在于,移动装置(30)包括可在吊灯杆

上移动的空心蜗轮、蜗杆和电机,电机分别与智能人体感应装置(203)和蜗轮电连接。

④如权利要求 1 所述的紫外线厨房消毒灯,其特征在于,所述紫外线消毒灯(2011)均匀设置在灯筒上。

⑤如权利要求 1 所述的紫外线厨房消毒灯,其特征在于,所述人体感应装置(203)为声音传感器。

⑥如权利要求 1 所述的紫外线厨房消毒灯,其特征在于,所述 LED 发光板(202)的形状为扇形。

⑦如权利要求 1～6 任一所述的紫外线厨房消毒灯,其特征在于,所述灯筒(201)的底部还设置有 LED 小灯泡(204)。

(3)说明书

一种紫外线厨房消毒灯

【技术领域】

本实用新型属于厨房灯具领域,尤其涉及一种紫外线厨房消毒灯。

【背景技术】

厨房是人们日常生活中频繁进出和使用的场所。但是,众所周知,厨房的工作环境非常易于细菌的滋生,怎样能够保障厨房的卫生呢? 这一直以来是大家十分关注的问题。为了使日常使用的餐具不受厨房细菌的影响,人们发明了餐具消毒柜,但是只针对餐具消毒肯定是远远不够的。厨房中的用品多而复杂,这就需要发明一种新的产品,能够方便有效地针对厨房环境,进行大范围的消毒。并且,厨房消毒柜等产品往往需要占据不小的厨房空间,在寸土寸金的现代都市,对室内空间的高效利用显得尤其重要。

故针对目前现有技术中存在的上述缺陷,实有必要研究一种紫外线厨房消毒灯。

【实用新型内容】

为解决上述问题,本实用新型的目的在于提供一种紫外线厨房消毒灯。

为达到上述目的,本实用新型的技术方案为:

一种紫外线厨房消毒灯,包括用于固定的吊灯杆,所述吊灯杆连接墙面和灯头,所述灯头上方连接有可在吊灯杆上移动的移动装置,所述灯头包括灯筒、若干 LED 发光板和智能人体感应装置,所述 LED 发光板一端连接移动装置,且其中部位置处转动连接有推杆,所述推杆的另一端转动连接在灯筒下方,所述智能人体感应装置与移动装置电连接,所述灯筒上设置有若干紫外线消毒灯。

作为优选,所述移动装置包括螺杆和可在螺杆上移动的螺母,所述螺杆连接有电机,所述电机与智能人体感应装置电连接。

作为优选,移动装置包括可在吊灯杆上移动的空心蜗轮、蜗杆和电机,电机分别与智能人体感应装置和蜗轮电连接。

作为优选,所述紫外线消毒灯均匀设置在灯筒上。

作为优选,所述人体感应装置为声音传感器。

作为优选,所述 LED 发光板的形状为扇形。

作为优选,所述灯筒的底部还设置有 LED 小灯泡。

与现有技术所采用的厨房消毒用品相比,本实用新型的有益效果如下:

(1)将消毒功能与普通照明功能相结合,解决了现有的消毒柜等产品对厨房空间的占用问题。

(2)通过传感器自动感应室内是否有人,并决定是否开启消毒工作,解放了人力,对使用者来说无须针对厨房消毒问题进行多余的工作。

(3)通过紫外线进行消毒,照射范围大,消除了现有产品对消毒范围的局限性。

【具体实施方式】

为了使本实用新型的目的、技术方案及优点更加清楚明白,以下结合附图及实施例,对本实用新型进行进一步详细说明。应当理解,此处所描述的具体实施例仅仅用以解释本实用新型,并不用于限定本实用新型。

相反,本实用新型涵盖任何由权利要求定义的在本实用新型的精髓和范围上做的替代、修改、等效方法以及方案。为了进一步使公众对本实用新型有更好的了解,在下文对本实用新型的细节描述中,详尽描述了一些特定的细节部分。对本领域技术人员来说没有这些细节部分的描述也可以完全理解本实用新型。

如图10-2所示,其为本实用新型一种紫外线厨房消毒灯实施例的结构示意图,包括用于固定的吊灯杆(10),吊灯杆连接墙面和灯头(20),灯头(20)上方连接有可在吊灯杆上移动的移动装置(30),灯头(20)包括灯筒(201)、若干LED发光板(202)和智能人体感应装置(203),LED发光板(202)一端连接移动装置(30),且其中部位置处转动连接有推杆,推杆的另一端转动连接在灯筒(201)下方,LED发光板(202)就像花朵的花瓣一样包裹在灯筒(201)的外围,智能人体感应装置(203)与移动装置(30)电连接,灯筒(201)上设置有若干紫外线消毒灯(2011)。一种紫外线厨房消毒灯包含了两种工作状态。其一:在作为普通照明工作时,LED发光板(202)通电后实现照明功能,此时若干LED发光板(202)是合拢的,即紫外线消毒灯(2011)不发光且不显露在外。众所周之,长期曝露于紫外线照射之下会对人体的皮肤产生不良的影响。因此,在不需要消毒的工作状态下,紫外线消毒灯(2011)不工作,排除了该装置可能对人体产生的危害。其二:在作为厨房消毒灯工作时,首先,智能人体感应装置(203)检测到厨房内没有人的情况下,通过传感控制移动装置(30)向下移动一定距离,移动装置(30)带动LED发光板(202)向下移动一定位置,从而使推杆与灯筒之间的角度变大,推杆支撑起LED发光板(202)向外伸展,类似于花朵开放的运动过程。此时,位于灯筒(201)上的紫外线消毒灯(2011)暴露在外,并且紫外线消毒灯(2011)通电开始工作,对室内环境进行消毒。

在具体应用实施例中,移动装置(30)包括螺杆和可在螺杆上移动的螺母,螺杆连接有电机,电机与智能人体感应装置(203)电连接。人体感应装置(203)在检测到室内没有人时,控制电机转动,从而带动螺杆转动,螺杆转动带动螺母在螺杆上向下移动,并且同时带动LED发光板(202)向下移动一定位置,从而使推杆与灯筒之间的角度变大,推杆支撑起LED发光板(202)向外伸展,类似于花朵开放的运动过程。此时,位于灯筒(201)上的紫外线消毒灯(2011)暴露在外,并且紫外线消毒灯(2011)通电开始工作,对室内环境进行消毒。当紫外线厨房消毒灯停止消毒工作转为普通照明时,传感器驱动电机反方向转动,LED发光板即可恢复到初始位置。

在具体应用实施例中,移动装置(30)包括可在吊灯杆上移动的空心蜗轮、蜗杆和电机,电机分别与智能人体感应装置(203)和蜗轮电连接。人体感应装置(203)在检测到室内没有人时,控制电机转动,从而带动蜗轮转动,蜗轮转动带动蜗杆在吊灯杆上向下移动,并且同时带动LED发光板(202)向下移动一定位置,从而使推杆与灯筒之间的角度变大,推杆支撑起LED发光板(202)向外伸展,类似于花朵开放的运动过程。此时,位于灯筒(201)上的紫外线消毒灯(2011)暴露在外,并且紫外线消毒灯(2011)通电开始工作,对室内环境进行消毒。当紫外线厨房消毒灯停止消毒工作转为普通照明时,传感器驱动电机反方向转动,LED发光板即可恢复到初始位置。

在具体应用实施例中,紫外线消毒灯(2011)均匀设置在灯筒上。

在具体应用实施例中,人体感应装置(203)为声音传感器,通过检测周围环境声音的强度来判断是否进行消毒工作。声音传感器在实际使用过程中还可以设置开启工作的阈值,当室内环境声音小于一定分贝时,传感器控制移动装置开始工作,将LED发光板(202)打开,同时紫外线消毒灯(2011)通电工作。

在具体应用实施例中,LED发光板(202)的形状为扇形。也可以设计成类似花瓣的形状,或者根据实际需求进行多样化外观设计。

在具体应用实施例中,灯筒(201)的底部还设置有LED小灯泡(204)。该LED小灯泡(204)起到补充照明的作用。

以上所述仅为本实用新型的较佳实施例而已,并不用以限制本实用新型,凡在本实用新型的精神和原则之内所作的任何修改、等同替换和改进等,均应包含在本实用新型的保护范围之内。

(4)附图

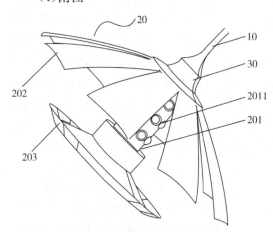 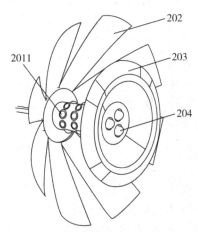

图 10-2 一种紫外线厨房消毒灯的结构示意图
10—吊灯杆 20—灯头 201—灯筒
2011—紫外线消毒灯 202—LED发光板
203—智能人体感应装置 204—LED小灯泡
30—移动装置

图 10-3 一种紫外线厨房消毒灯的另一结构示意图
2011—紫外线消毒灯 202—LED发光板
203—智能人体感应装置 204—LED小灯泡

10.1.3 一种纪念智能云端服务系统

(1)说明书摘要

本实用新型公开了一种纪念智能云端服务系统,包括手机终端、云端和旅行纪念端,所述手机终端与云端之间通过无线网进行连接,云端与旅行纪念端之间通过无线网进行连接,旅行纪念端与手机终端之间通过无线网进行连接;所述旅行纪念端的立柱上端设置有顶盖,顶盖内部设置有无线装置,顶盖下端设置有照明灯,所述立柱上设置有若干剪切屏,剪切屏在竖直方向上等间距均匀设置,立柱下端设置有安装板;本实用新型结构简单,使用方便,可以进行广泛推广和应用。

(2)权利要求书

①一种纪念智能云端服务系统,其特征在于:包括手机终端(1)、云端(2)和旅行纪念端(3),所述手机终端(1)与云端(2)之间通过无线网进行连接,云端(2)与旅行纪念端(3)之间通过无线网进行连接,旅行纪念端(3)与手机终端(1)之间通过无线网进行连接;所述旅行纪念端(3)的立柱(33)上端设置有顶盖(31),顶盖(31)内部设置有无线装置,顶盖(31)下端设置有照明灯(32),所述立柱(33)上设置有若干剪切屏(34),剪切屏(34)在竖直方向上等间距均匀设置,立柱(33)下端设置有安装板(35)

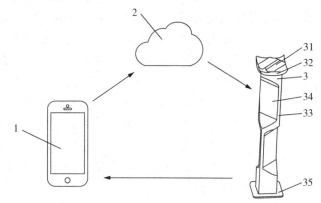

图10-4 一种纪念智能云端服务系统的结构示意图

1—手机终端 2—云端 3—旅行纪念端 31—顶盖

32—照明灯 33—立柱 34—剪切屏 35—安装板

②如权利要求1所述的一种纪念智能云端服务系统,其特征在于:所述顶盖(31)呈屋檐形,立柱(33)和安装板(35)的投影范围位于顶盖(31)投影范围内。

③如权利要求1所述的一种纪念智能云端服务系统,其特征在于:所述剪切屏(34)为触摸显示屏,剪切屏(34)外侧贴有防水膜。

(3)说明书

一种纪念智能云端服务系统

【技术领域】

本实用新型涉及云端服务系统的技术领域,特别是纪念智能云端服务系统的技术领域。

【背景技术】

在"互联网＋"与体验经济的时代下,一方面催生了大量的旅游类 APP,截至 2014 年 10 月 31 日,通过软件抓取的旅游类 APP 共 4145 个,但是我们发现琳琅满目的旅游 APP 除携程、去哪儿网、同程、艺龙、蚂蜂窝作为老牌旅游互联网企业外,大量旅游类 APP 存在被用户用后即弃的问题,不能捕捉到用户完整的大数据,而且大多旅游类 APP 缺少智能终端产品,无法与现代制造业结合,极大限制了经济的发展,难以有所作为。另一方面,随着旅游体验经济的发展,用户的个性化需求逐渐彰显,笼统的"互联网＋旅游"已不能满足游客的情感与心理需求,我们需要针对旅游行业链中的某一环节进行深入挖掘,提供旅游行业所需的一种新型体验服务,才可以在激烈的市场竞争中出彩。

【实用新型内容】

本实用新型的目的就是解决现有技术中的问题,从而提出一种纪念智能云端服务系统,能够使用户满足纪念和占有心理,留下自己的手印、笔记以及合成自己的景区明信片;同时也便于客流量的统计。

为达到上述目的,本实用新型提出了一种纪念智能云端服务系统,包括手机终端、云端和旅行纪念端,所述手机终端与云端之间通过无线网进行连接,云端与旅行纪念端之间通过无线网进行连接,旅行纪念端与手机终端之间通过无线网进行连接;所述旅行纪念端的立柱上端设置有顶盖,顶盖内部设置有无线装置,顶盖下端设置有照明灯,所述立柱上设置有若干剪切屏,剪切屏在竖直方向上等间距均匀设置,立柱下端设置有安装板。

作为优选,所述顶盖呈屋檐形,立柱和安装板的投影范围位于顶盖投影范围内。

作为优选,所述剪切屏为触摸显示屏,剪切屏外侧贴有防水膜。

本实用新型的有益效果:本实用新型通过将系统设置有手机终端、云端和旅行纪念端,三者之间通过无线网进行连接,可以方便数据之间的互相交流,传送方便快捷;顶盖下端设置有照明灯,可以在夜间当做小路灯进行使用,方便行人夜间散步,同时起到对景点的装饰作用;若干剪切屏在竖直方向上等间距均匀设置,方便不同身高的人群使用;本实用新型结构简单、使用方便,可以进行广泛推广和应用。

本实用新型的特征及优点将通过实施例结合附图进行详细说明。

【具体实施方式】

参阅图 10-4,本实用新型一种纪念智能云端服务系统,包括手机终端(1)、云端(2)和旅行纪念端(3),所述手机终端(1)与云端(2)之间通过无线网进行连接,云端(2)与旅行纪念端(3)之间通过无线网进行连接,旅行纪念端(3)与手机终端(1)之间通过无线网进行连接;所述旅行纪念端(3)的立柱(33)上端设置有顶盖(31),顶盖(31)内部设置有无线装置,顶盖(31)下端设置有照明灯(32),所述立柱(33)上设置有若干剪切屏(34),剪切屏(34)在竖直方向上等间距均匀设置,立柱(33)下端设置有安装板(35);所述顶盖(31)呈屋檐形,立柱(33)和安装板(35)的投影范围位于顶盖(31)投影范围内;所述剪切屏(34)为触摸显示屏,剪切屏(34)外侧贴有防水膜。

本实用新型工作过程:

本实用新型——一种纪念智能云端服务系统在工作过程中,可以通过剪切屏(34)来进行手印、笔记的录入,然后生成属于自己的纪念图形,这些图形数据通过无线网上传到云端(2)。平时,剪切屏(34)对这些数据进行轮流播放,从而满足游人占有和纪念心理;用户还可以通过剪切屏(34)合成属于自己的明信片,通过邮件的形式发送给游客,通过手机扫描剪切屏(34)上的二维码可以获取平台公众号,学习操作步骤和上传照片的方法等;对不同区域的旅行纪念端(3)进行标记,然后通过查看云端(2)的数据量,可以间接评价景区不同区域游客的拥堵情况;游客也可以通过手机将丢失亲人的图片发送到剪切屏(34),从而帮助人们在景区进行人员寻找;在夜晚时候,照明灯自动亮起,可以方便人们散步,同时对景区起到装饰作用。

本实用新型通过将系统设置有手机终端(1)、云端(2)和旅行纪念端(3),三者之间通过无线网进行连接,可以方便数据之间的互相交流,传送方便快捷;顶盖(31)下端设置有照明灯(32),可以在夜间当做小路灯进行使用,方便行人夜间散步,同时起到对景点的装饰作用;若干剪切屏(34)在竖直方向上等间距均匀设置,方便不同身高的人群使用;本实用新型结构简单、使用方便,可以进行广泛推广和应用。

上述实施例是对本实用新型的说明,不是对本实用新型的限定,任何对本实用新型简单变换后的方案均属于本实用新型的保护范围。

10.2 家电产品科研论文转化

10.2.1 面向用户需求的电热炉产品设计

电热炉是人们日常生活中普遍使用的一种厨房加热器具。目前,市场上的厨房加热器具占用的空间较大、不方便存放、功能较为单一,不能满足用户的使用需求。企业传统的产品开发主要遵循技术导向与市场需求导向,在相关研究中,Crawford 发现,20%～25%的工业产品和30%～35%的消费产品最终失败。有学者认为,传统的产品开发中,企业希望满足尽可能多的目标用户,但是却不能很好地满足每一个用户的需求。而基于人物角色的设计方法可根据用户的偏好进行分析和选择,最大限度地满足用户需求。针对这一点,在电热炉产品设计中运用定性法人物进行角色构建,将用户的典型行为和动机进行识别和归纳,实现用户需求的具体化和形象化,使设计师清晰地了解和定位目标用户的需求,从而为用户提供合适的产品解决方案。

(1)人物角色模型构建法

人物角色是一类行为相似的真实用户的代表,Cooper 于 1999 年提出了人物角色的概念。他认为,人物角色是交互设计中一种独特且强有力的工具。Cooper 等人将人物角色分成了 6 类,主要包括首要人物角色、次要人物角色、补充人物角色、顾客人物角色、接受服务人物角色与负面人物角色。在新产品开发过程中主要考虑首要人物角色与次要人物角色,其他角色可不予考虑。人物角色最终目的是将人物角色应用于产品开发流程中,在每一个设计环节中对用户需求进行衡量。

①定性法人物角色构建

定性法人物角色构建是最为常用的人物角色构建法,精确表达了用户的需求和期望。

基本步骤为:①整理现场调查资料,根据现场调查中的用户共性规划出不同的用户群组;②将拥有相似目标、观点或行为的人归到所划分的特定用户群组中;③通过归纳逐渐使各类群组中的用户目标、行为、态度等信息丰富起来,并以此为基础为每个类型的用户群组设定一个人物角色。为使每个人物角色更加生动,一般会赋予其虚拟的名字、照片、特征信息、产品使用细节及相关资料等。

　　②人物角色模板

　　一般从现场调查中得到的资料数据量较大且繁杂,如何把一组枯燥的特征列表和数据转变成生动直观的人物角色,国外有一些成熟的案例可供参考。通过总结这些案例发现,构建出一个成功的人物角色模板一般需要用户的关键特征与概述、人物名字、形象照片、个人信息、产品认知与态度与人物角色优先级等基本信息,如图 10-5 所示。

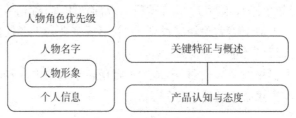

图 10-5　人物角色模板

　　(2)电热炉人物角色模型构建

　　电热炉人物角色构建之前需要收集用户资料,资料收集方法采用社会调查和心理测验等领域中最常使用的态度量表——李克特量表。这种量表由一组与主题相关的问题或陈述组成,用来表明被调查者对某一事物的态度、看法、评价或意象。文中运用李克特量表法对单身用户的生活形态、饮食消费需求、饮食健康、居住空间行为、产品风格与色彩调查等 15个变量进行调查与分析,针对每个调查因素设计了非常不同意(1分)、不同意(2分)、中立(3分)、同意(4分)、非常同意(5分)由低到高 5 个分值,统计的平均分值越高代表用户的认可度越高。统计结果如表 10-1 所示。

表 10-1　李克特量表统计结果

序号	调查因素	分值
1	喜欢尝试新鲜事物	3.9
2	对新上市的产品感兴趣,并去采购	4.6
3	追求生活品质,注重时尚品位	3.8
4	非常关注自己的饮食健康	4.2
5	喜欢自己做早餐	3.0
6	喜欢自己做晚餐	4.0
7	经常尝试做不同口味的菜	3.1
8	经常搬家	3.7
9	喜欢做节省时间的饭菜	4.3

续表

序号	调查因素	分值
10	喜欢和朋友聚餐	4.5
11	厨房空间比较小	3.8
12	选购产品时注重产品外观	4.1
13	喜欢在家做饭招待朋友	4.3
14	不喜欢做饭前买菜和就餐结束后的清扫工作	4.8
15	对工作投入了比生活更大的热情	4.1

依据统计结果进行单身用户群体划分,创建出首要人物角色张某与次要人物角色李某,如图 10-6、图 10-7 所示。从角色模型中可清晰看出单身用户的群体分类与群体特征,为用户需求的具体化提供依据。

通过人物角色模型的构建,总结出用户的具体需求:满足便捷制作早餐与晚餐的需求;满足单身用户的聚会需求,实现可煮、可炖、可炒等多种功能;不用时,节省放置空间;满足单身用户在消费心理上追求新颖、舒适、安全、健康及便携的需求。

首要人物角色
张某

年龄:32
收入:月薪5 000元
职业:公司职员
类型:温馨生活

人物关键特征与概述
喜欢新事件、关注自己的饮食健康,工作较为繁忙,每天早上需要能快速吃上有营养的早餐,前天晚上会准备好第2天的午餐,下班后回到家里会自己亲手准备晚餐,周末喜欢邀请朋友来家里聚餐。

知识与经验:
经常使用各类厨房用品;
了解厨房家电的常识;
具有保健知识

产品与品牌态度:
关注品牌;
操作简单、安全、方便清洗;
追求功能一体化产品;
喜欢简洁风格的产品

信息渠道:
互联网;
微信;
电视节目;
朋友介绍

图 10-6　首要人物角色模型

次要人物角色
李某

年龄:32
收入:月薪1万元
职业:公司职员
类型:时尚、品味

人物关键特征与概述
喜欢新事件、追求生活品质、注重时尚品味,对上市的产品感兴趣并愿意去采购,工作较为繁忙,每天早上需要能快速吃上有营养的早餐,不喜欢打扫厨房,喜欢与朋友聚餐。

知识与经验:
不经常使用各类厨房用品;
不太了解厨房家电的常识;
缺乏保健知识

产品与品牌态度:
关注品牌;
注重产品设计;
操作简单、安全、方便清洗;
喜欢简洁时尚的产品

信息渠道:
互联网;
微信;
电视节目;
朋友介绍

图 10-7　次要人物角色模型

(3)方案设计

①可收纳结构设计

为满足多种功能要求,同时节约空间、方便存放与移动,设计了可收纳式的电热盘结构。

在电热炉支架上设计了大、中、小 3 个功率不同的电热盘,电热盘与支架之间通过转轴联结,可收起和展开,收起状态如图 10-8(a)所示,展开状态如图 10-8(b)所示。经自由组合后可提供 6 种加热模式,如图 10-9 所示。

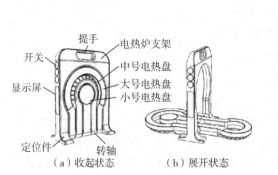

提手　电热炉支架
开关　　中号电热盘
显示屏　　大号电热盘
　　　　小号电热盘

定位件　　转轴
（a）收起状态　　（b）展开状态

图 10-8　电热炉的收纳与展开状态

（a）使用状态1　（b）使用状态2　（c）使用状态3

（d）使用状态4　（e）使用状态5　（f）使用状态6

图 10-9　电热炉加热模式

②人机交互设计

为方便用户对不同的电热盘进行操作,电热炉支架的前侧设有 3 个开关与显示屏。3 个开关从上至下排列,分别控制大、中、小 3 个加热盘的工作与关闭;同时,为实现对电热炉温度的精确控制和显示,选用 K 型热电偶作为温度传感器。

③易散热加热座设计

为加快散热,加热座上设有空气流道,底盘的侧面均匀布局着与空气流道相通的散热孔,以降低底盘的温度,避免烫坏所放置的台面。此外,为避免热空气直冲使用者,底座平置时,底盘的底部直径小于顶部直径,形成锥形侧面,且底盘的空气流道向上开。

④造型设计

带多个电热盘的便携式电热炉造型设计风格主要考虑单身用户的审美需求,即简洁、时尚、前卫,在产品上主要运用"包裹"的造型语言,通过一条荧光绿的亚克力边框包裹白色炉体,一方面强调了产品的整体感,另一方面将产品的人机操作界面凸现出来,易于用户认知与操作。运用计算机进行三维建模和渲染后的产品效果如图 10-10 所示,实物模型如图 10-11 所示。

（a）收纳状态三维效果　（b）使用状态三维效果

图 10-10　电热炉效果图

图 10-11　电热炉实物模型

（4）结论

文中针对单身用户的烹饪需要,采用人物角色构建法构建了用户角色模型,还原了用户的特征、行为、使用要求及其对品牌的态度,总结出对产品的具体需求,进而对电热炉的功能、结构、造型进行了创新设计,给出了设计方案,并制作了实物模型,验证了设计的可行性,为电热炉产品的开发设计提供参考。

10.2.2　基于服务接触的智能旅游服务终端设计研究

旅游行业是传统的服务性行业。随着智慧旅游产业的发展,各类解决交通、住宿、餐饮类的 APP 兴起,产生了自助、自驾、亲子、出境等旅游新方式。随着出游方式转变,游人直接与景区的接触越来越多。游客在与景区接触的过程中产生的不文明现象也越来越多。如2013 年"丁锦昊到此一游"事件、故宫大铜缸刻字事件等,引发了网友热议。网络信息时代进一步激化了受众的"知情欲望",当事人个人信息也被曝光。从设计思考者的角度出发,行为从来没有对错之分,行为总是有意义的。如何有效地解决游人与自然和人文景观之间的接触冲突是我们需要去思考的。

(1)旅游服务接触要素问题分析

首先将旅游服务过程的接触要素进行罗列分析,找到服务的问题。旅游服务过程中的接触点主要包含交通、餐饮、住宿、门票、游乐、自然景观。目前携程、去哪儿网、阿里旅行等旅游 APP 为交通、餐饮、住宿、门票、游乐设施等接触点提供了有效的、便利的保障服务。但是作为游客旅游主要目标的自然景观与人文景观,目前可提供的服务仅是欣赏、远观,显然不能满足游客的需求,也产生了埃及神庙等景点景观屡被刻画等不文明现象。

承载了历代文人墨客足迹的自然与人文景观是需要重点保护的。但是在中国人看来,人生一世,若不能留下点印记,就不能被后人记住,这种"留名"思想,古已有之。针对游客与自然、人文景观接触点的问题,运用服务设计思维,挖掘游客的潜在需求,并创造新的接触点(智能旅游服务终端)与游客产生新的互动关系,可以有效地满足游客"留名"思想之类的服务接触需求。

(2)智能旅游服务终端设计研究

在旅游服务过程中,主要依据服务产品四要素概念,进行服务终端系统构建:显性服务要素与游客互动交流对应,隐性服务要素与游客需求对应,产品要素与游客提供的需要"留名"的个人信息对应,环境要素与景区环境对应。智能旅游服务终端运用"硬件＋软件＋APP"的设计模式与"互动交流、游客需求、游客个人信息、景区环境"四环节组成了完整的服务终端系统。

①服务终端提供一个满足游客需求的体验平台

A. 游客需求分析

为什么旅游景点乱涂乱画现象屡禁不止?现代游客的行为动机是什么?围绕问题项目团队运用问卷调查法、小组座谈法、用户行为观察法等进行调研。如图 10-12 所示,大多游客在文物或景点留下印记是为了炫耀自己来过这里,让后来者都知道"我"来过这里,这是现代社会中很明显的一种"炫耀"目的;有些游客与古代文人一样,无论到哪里旅行都想留下一些纪念的痕迹,这是很多人都会有的"纪念"目的;少量游客认为如果在文物或景点上留下自己的印记,就仿佛在此有了一席之地的感觉,这是一种明显的"占有"欲望。游客"炫耀、纪念、占有"的潜在心理需求就是服务产品中的隐性服务要素。

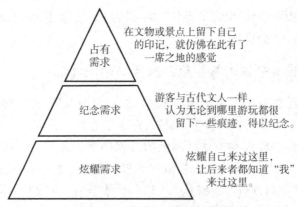

图 10-12　游客行为需要分析图

B."硬件＋软件＋APP"相结合提供了一个满足游客需求的体验平台

旅游服务终端是为游客在游玩地点创建的新交互接触点。旅游服务终端运用"硬件＋软件＋APP"相结合的方式为游客提供一个体验的平台，通过与游客互动交流，达到满足游客"炫耀、纪念、占有"的需求。首先服务终端具有循环播放功能，游客在此平台上留下的手印、笔迹、照片可在终端上循环播放分享给全景区旅客，满足游客"炫耀"的心理需求；然后在终端平台上游客留下的手印、笔迹以及照片，可合成游客自己的明信片，永久地存贮在服务终端产品系统里，满足游客"占有"的心理需求，游客随时到游玩地点都可查阅；最后游客在终端平台上设计的旅游明信片则会在预约时间点发送至游客邮箱，寄给未来某一天自己有纪念意义的日子，给游客以惊喜，从而满足游客"纪念"的心理需求。

②软件技术能够采集、分析、处理游客个人信息

智能服务终端是互联网技术下的一种智能产品，不仅可以通过内置的按压感应器感知游客在屏幕上留下的痕迹，经过智能采集分析将游客留下的手印、笔记、线条等个人信息显示在 LED 屏上，并能将游客留下个人信息合成一张正常规格的明信片，进行定时发送。

③"软件＋APP"相结合实现终端与游客互动交流

软件与 APP 是不可分割的，软件技术与 APP 操作流程的设计需要满足用户的使用需求，才能创造出有效、流畅的互动交流。

A.以手机端为枢纽的软件系统，方便用户操作

智能服务终端是一种互联网环境下的智能产品，此类产品常常是跨越多个平台的系统性产品。智能服务终端系统主要包括云端、手机端与产品终端三个部分，其中云端起到存储、计算、分析数据的功能，产品终端起到采集用户数据与显示功能，手机端起到连接用户与终端平台的枢纽功能，连接方式是用户扫描二维码，关注微信公众号，进入微信页面，用微信上传自己的照片或个人信息至终端平台，游客即可与终端进行交流互动。

B.APP 交互内容满足游客自然的交互需要

旅游服务终端在交互界面上设计了中空的双手框线图，游客看到闪烁的框线，会下意识地靠近终端，游客无须刻意操作某个控制器，只需要将双手放在框线内，终端会将感知的信息显示在 LED 屏上，达到与服务终端进行自然有效的交流互动。

④"留下您的专属印记"APP 设计

智能服务终端 APP 的主要功能是"留下您的专属印记",帮助游客留下自己的手印、照片以及"到此一游"的字迹等。这些是游客易于理解、识别的事件,能让游客第一时间感知确认。"留下您的专属印记"的功能流程图中绘制了留下手印、留下字迹、上传目的地图片、发送邮箱与上传云端五项操作任务与流程。如留下手印功能,游客将双手放置于屏幕框线内,终端软件会自动采集,采集过程中框线边缘会进行闪光提示,采集成功屏幕会出现手纹图像,采集不成功则需重新采集,同时终端提供了 DIY 色彩美化特效软件,游客只需选择滑动侧边色彩条,便可 DIY 设计自己满意的手纹效果,满意则按确认键,成功获取手纹。此手纹图像运用 ZFM—70 模块的光学组件(如同照相机的拍照功能)为每个游客的手掌拍摄粗略的图像,并经过系统软件美化处理,不会泄漏游客的私人信息。

此外,要把流程图的研究对象转化成页面。"留下您的专属印记"的功能流程图主要包括"留下手印""留下字迹""选择目的地图片""发送邮箱""上传云端"五大用户任务的页面转化与页面美化。

⑤硬件造型设计满足景区环境需要

服务终端的硬件造型语言提取了传统飞檐的翘角形态、祥云的自由曲线与花窗的冰裂纹几何元素符号,将其融合运用于终端顶盖与支撑硬件造型中,使服务终端与自然风景相得益彰,形成新的人文景观。此外,为方便夜晚的游客体验操作,在功能上增加了灯光效果,在夜晚可散发出温暖的灯光,为景区增添一道亮丽的风景。

(3)结语

基于服务触点的智能旅游服务终端,运用服务触点设计思维,针对游客与景区接触过程中的不文明现象,不是从惩罚的角度限制游客,而是从游客的用户需求分析入手,为游客提供一个满足游客"炫耀、留念、占有"需求的接触点,并运用服务产品"四要素"概念,构建出完整的服务终端系统,一方面减少了游客旅游过程中的不文明现象,提升游客旅游体验感;另一方面为旅游景区增加了新的人文景观。

参考文献

[1]李乐山.设计调查[M].北京:中国建筑工业出版社,2007.

[2]伯杰.疯传——让你的产品、思想、行为像病毒一样入侵[M].乔迪,王晋,译.北京:电子工业出版社,2014.

[3]金错刀.爆品战略[M].北京:北京联合出版公司,2016.

[4]CRAWFORD C M. New product failure rates-facts and fallacies [J]. Research Management,1979,22(5):9-13.

[5]吴勘,陆长德.基于角色分析的概念设计方法和系统研究[J].现代制造工程,2009(6):106-110.

[6]COOPER A. The inmates are running the asylum[M]. USA:Sams,1999.

[7]COOPER A,REIMANN R,CRONIN D,et al. About face 3:the essentials of interaction design[M]. USA:Wiley Pub,2007.

[8]卢艺舟,华梅立.工业设计方法[M].北京:高等教育出版社,2009.

[9]风笑天.社会调查中的问卷设计[M].天津:天津人民出版社,2002.

[10]安宏,姚彩虹,蒋兴加.用于电热炉的智能温控仪的设计[J].自动化仪表,2008,29(10):78-80.

[11]计文."到此一游!"[J].天风,2013(7):1.

[12]布朗.IDEO设计改变一切[M].沈阳:万卷出版公司,2013.

[13]波多洛伊S,菲茨西蒙斯J A,菲茨西蒙斯M J.服务管理——运营、战略和信息技术[M].9版.张金成,范秀成,杨坤,译.北京:机械工业出版社,2000.

[14]崔洋.服务设计思维模式下的公共服务设计及模式探讨——通过接触点设计提升公共服务体验[J].设计,2014(06):127-128.

[15]刘丽文.论服务运作管理的特殊性[J].清华大学学报(哲学社会科学版),1999,14(2):60-64.

[16]李乐山.设计调查[M].北京:中国建筑出版社,2011.

[17]班格,温霍尔德.移动交互设计精髓——设计完美的移动用户界面[M].电子工业出版社,2015.

[18]许慧珍,徐洪军.面向用户需求的电热炉产品设计[J].机械设计,2015(02):120-122.